延参法师

品味人生

系列丛书

延参法师 著

人生无处不青山

山东人民出版社

国家一级出版社 全国百佳图书出版单位

图书在版编目（CIP）数据

人生无处不青山/延参法师著. -- 济南：山东人民出版社，2017.6

（延参法师品味人生系列丛书）

ISBN 978-7-209-10820-1

Ⅰ. ①人… Ⅱ. ①延… Ⅲ. ①人生哲学－通俗读物 Ⅳ. ①B821-49

中国版本图书馆CIP数据核字(2017)第133952号

人生无处不青山

延参法师 著

主管部门 山东出版传媒股份有限公司

出版发行 山东人民出版社

社　　址 济南市胜利大街39号

邮　　编 250001

电　　话 总编室（0531）82098914

　　　　 市场部（0531）82098027

网　　址 http://www.sd-book.com.cn

印　　装 青岛国彩印刷有限公司

经　　销 新华书店

规　　格 32开（145mm×210mm）

印　　张 13

字　　数 240千字

版　　次 2017年6月第1版

印　　次 2017年6月第1次

印　　数 1-10000

ISBN 978-7-209-10820-1

定　　价 38.00元

如有印装质量问题，请与出版社总编室联系调换。

序

愿为一滴眼中泪

亲爱的朋友，当童年的记忆一步步变得模糊与遥远，当心头的感觉一点点变得迟钝与麻木，当我们站立在这车水马龙的街头，心头就会莫名地浮起一丝孤寂与凄凉。环顾周围时刻在改变的世界，犹如霓虹那般闪烁不定。你是否感到了无助，感到了温情？你是否感觉到不远的灯火辉映处，有些人，你非常熟悉？这些人，就是与你一生相伴、一路走来的朋友，这其中有一个清瘦的身影——那就是我。

我的朋友，我愿意做你眼中的一滴泪水，伴你走过世态炎凉，春夏秋冬。我陪你走过那漆黑的夜晚，我陪你去看飞翔的海鸥．我陪你去迎接所有的快乐，我陪你去忍受所有的悲伤，我陪你去挑战所有的困难，我陪你去分享世界的美丽，我陪你送走每一个傍晚，我陪你迎来每一个今天，我陪你祈祷将来的明天……有了你，我也就拥有了生命的内涵。

我的朋友，我愿意做你眼中的一滴泪水，在你开心的时候，请尽情地把开心的泪水抛洒。我不会怨恨你，这就是我生命的全部，我实现了我的忠诚，我捍卫了我的信仰，我会化作一只开心的精灵，犹如你的影子，陪伴你走过所有的日月……我的朋友，因为我爱你。

我的朋友，我愿意做你眼中的一滴泪水，在你悲伤的时候，我请求你不要对命运哭泣，它只会加重你的悲惨。也请你不要随意把我抛弃，带着你的悲哀，我的命运会更加冰冷。我不愿意孤独地飘洒在这空旷的世界，走向没有一丝希望的归途。你坚强一些啊，我的朋友，我会更加爱你。

我的朋友，我愿意做你眼中的一滴泪水，用我们的真情感动世界，用我们的真爱庄严世界，用我们的真诚去迎接每一个从我们身边擦肩而过的朋友。

目录

第一章　心怀篇

011 / 花开花落

只有美丽的心情才能感受这美丽的风景，只有美丽的心灵才能拥有这美丽的世界。

014 / 直播生命的精彩

学会给自己一个快乐的心情吧，用快乐去阐释工作，人生就远离了怅恨烦恼；用柔情去打磨日子，岁月将赠予我们无比丰厚的回馈。

017 / 为生命喝彩

少一些奢求，少一些欲望，多一些知足，多一些奉献，才会使生命更加健康和有意义。

020 / 再见了悲伤

与其在烦恼中苦苦挣扎，不如洒脱地挥手再见，告别烦恼，告别悲伤，让我们阳光的笑脸依旧，阳光的心态依旧。

023 / 快乐在一线之间

也许我们不能拒绝现实生活中那些无常的发生，但是我们可以选择一份达观、包容、宽广的人生态度，来决定自己的命运，实现自己的生命价值，获得生活中的开心。

027 / 快乐的生命才完美

不是每个人都会长成参天大树，不是每个人都会成为栋梁之材，那就甘心做一丛杂草、一株野花吧！

030 / 莫向梦里寻恩仇

不管是惊涛骇浪，成败沉浮，都不过是历史轮回中的惊鸿一瞥。

烦恼，多么郁闷，微笑可以使你变得乐观、开朗、豁达、文明、理智、高尚。

194 / 静静的心海
未来的日子里即使烦恼来势汹涌，用豁达的心胸轻描淡写地让它像浮云一样来去匆匆，不再斤斤计较谁对谁错，不再兜兜转转寻求因与果。

195 / 给人生献一枝盛开的花朵
人生就是一次旅行，重要的不是结果，而是沿途的风景及看风景过程的心情。

197 / 向生命的每一个方向微笑
生命是高贵的，让我们给他加上一个有力的标志，向生命的每一个方向微笑。

199 / 堪破命运的背后
命运就在我们自己的手里，只要把握了命运的正面，就没有必要苦苦思索背后了。

201 / 还生命恬淡的自由
生活需要享受，不仅享受生活中的所有，更要用心灵去享受生活，从繁杂的事务中，品出恬淡、品出宁静、品出悠闲，还生命以恬淡，还心灵以自由。

203 / 生命之舟，何须烦忧
在滚滚红尘中，能让自己拥有一份淡淡的情愫，过着恬淡的生活，那是人生多么悠然自得的美丽。

第四章 一生篇

第五章 前路篇

357 / 你好，过去！
多少个楼台烟云，多少个心酸无奈，都会在这回首一笑中随风而逝。

359 / 走过人生的悲欢离合
不断地祝福自己，不断地超越心灵的羁绊，你就会发现自己的人生充满了熠熠闪耀着的光彩。

361 / 人生如扁舟，风雨自荡漾
让我们的人生如一叶扁舟，逍遥洒脱地荡漾在碧蓝的海面。

363 / 岁岁枝头杨柳青，不问人间沉浮心
很多东西我们必须懂得放下，才能让以后的生活中依然有阳光，依然有笑声。

366 / 回首那些飘远的温暖
学会发现，学会回忆，学会让历史留住，让那飘远的温暖依然。

368 / 把烦恼相忘于江湖
风流总被雨打风吹去，何苦为名利困扰，为权势束缚，自苦终生。

371 / 不要让心灵在寂寞中枯萎
让每一次的不愉快遗忘在日落之前，让每一天的快乐开始于晨曦之中，匆匆过客，不要让心灵在寂寞中枯萎。

374 / 看一路花开
让心中充满希望，充满对人生的信心，相信即使山重水复也会柳暗花明，即使千里冰封也会春暖花开。

第一章

心怀篇

活出一份生活的简约

每个人都有人生的低谷和烦恼，只要我们用一个好的心态去从容面对，做到随遇而安，知足而常乐，那么快乐就会与你永生相伴。

勤奋和快乐是生命追求的永恒主题，每个人都渴望能够更多地拥有快乐。然而，有些人却活得很累，快乐不起来，他们常常怨天尤人，怪上天不偏爱自己，怪命运多舛，抱怨事业不顺、家庭不和……其实这些都不是影响快乐的决定因素，真正能决定你快乐与否的只有你自己——自己的胸怀，自己的豁达。

快乐其实是一种心境，一种精神状态。生活中的无奈和烦恼总会悄无声息地跟随着我们，既然我们不能改变生活本身，那么我们可以改变心情。调整好我们的心情，重新审视身边的人、周遭的风景，换个角度看问题，你会得到意想不到的收获和惊喜。

快乐是一本能够让你汲取有益的养分、修补无意伤痕的书，是一首清新雅致的诗，是一首婉转动听的歌，是一幅神姿清逸的书画，时刻能让人感受到清新的惬意。只要能正确地审视人生，正视自我，在困难面前不低头，在失败面前不言败，在成功面前仍以平常心自居，快乐就会如影随形，像空气一样融在我们周围。

很多时候，我们不快乐，是因为我们总是对自己的拥有不满意。快乐其实很简单，它就在我们身边，只是我们缺少善于发现快乐的眼睛。快乐无处不在，只要我们用心去寻找。大胆地用不同的形式使自己快乐，活出风姿，活出精彩。

每个人都有人生的低谷和烦恼，只要我们用一个好的心态去从容面对，做到随遇而安，知足而常乐，无论生活给予我们什么，我们都要热爱生活，不被生活中的烦恼所束缚，那么快乐就会与你永生相伴。向快乐出发，让我们试着学会快乐，享受简单的生活，用微笑面对人生。

看花开赏岁月，让忧愁去漂流

世间万事没什么大不了，笑一笑，一切都会过去。

人生就像一扇门，有人悲观于门内的黑暗，有人却乐观于门内的宁静；有人忧愁于门外的风雨，有人却快乐于门外的自由。其实，人生活的就是一种心态、一种心情，保持一个好的心态，人生就是一个快乐的天堂。

没有谁不遇到困难，没有谁不遇到失败，没有谁不遇到不幸和挫折。人生本来就是多样的，有喜，有怒，有哀，有乐。所谓的一帆风顺只是内心的一种祈求和祝愿，人生总是跌宕起伏，困难总会在你不经意间出现，让你感到茫然失措。若遇到困难，总是无奈、彷徨将于事无补，因此没有必要忧愁，忧愁只能让自己愁上添愁，还不如坚强一些，勇敢一些，坦然地面对困难，我们的人生就会轻松许多。只要我们付出努力，用心去做，我们就无憾今生。世间万事没什么大不了，笑一笑，一切都会过去。

人生如烟如梦，有人说它清晰，有人说它模糊，茫茫尘世，一开始就注定会与成败同行，与得失相伴。但是，紧张与松弛，沉重与飘逸，都是生命的状态，坎坷和艰辛中蕴藏着更大的追求。笑着面对悲伤，悲伤会化为动力，笑着面对忧愁，忧愁会化为快乐。让忧愁去漂流吧，生活需要快乐，也应该是快乐的。快乐自己，美丽世界；给别人以快乐，自己也就会快乐。

走在天地间，结些山水缘

山高地广，海阔天空，好山好水到处有，多看这些，总强过看人间的那些成败得失。

生活在城市的人们，总是想有空时走走山川大地，去倾听大自然的声音。每天看在眼里的灯红酒绿，听在耳里的是非恩怨，带来的是身心的疲惫与烦恼。

走在天地间，踏着柔软的土地，呼吸着芳草的清香，倾听着流水的欢笑，这是江南山水的柔美；飞马奔驰在一望无际的原野，有时远处会掠过一两座小土包，那是牧民的毡房，这就是草原的豪放；脚下是细细的软沙，耳中的波涛依旧，承前继后不停拍打着海岸，大海的辽阔让人们的心胸豁然开朗。海鸥翱翔在水天间，给了我们些许想象——大海的那面，是否也有人远眺大海？

让我们远离城市的喧嚣，远离看在眼里留在心中的那些烦恼与琐碎，让眼里多看些高山绿水，心里多留些高山绿水。山高地广，海阔天空，好山好水到处有，多看这些，总强过看人间的那些成败得失。与其看人世间的那些烦恼，不如看看明月清风，青山绿水。多看些美好的风景，去掉那些阴暗的心理，让心灵如那山涧流水般清新自然。佛家有句话："看山是山，看水是水；看山不是山，看水不是水；看山是山，看水是水。"并不是山水在改变，是自己看事物的心在变，看事物的角度在变。

多看些阳光、健康、快乐、温暖，不是世界温暖了，而是自己的心温暖了。是非还在，恩怨还在，换个心态，就又是另一番风景。走在山水间，结些山水缘，让我们的心灵充满山水的清新与静幽。

唱首快乐歌，让心不复杂

放下贪欲，少些索求，在平实简朴的生活中不挑剔，就是获得快乐的最简单方法。

“向快乐出发，世界那么大。任风吹雨打，梦总会到达。”一首普通的歌曲唱出了我们的心声。生命的道路曲曲折折，一路上有鲜花、有荆棘，但是无论什么样的艰难险阻，都不应该是我们退缩逃避的理由。因为挫折是成功的先导，让我们学会微笑，向快乐出发，快乐的背后蕴涵的是坚强，是无可比拟的力量。

用微笑的态度处世，用快乐的心情生活。当我们遇到坎坷、挫折时，不悲观失望、不长吁短叹、不停滞不前，把它作为人生中的一次历练，把它看成是一种人生成长中的常态，这样我们才能更好地谱写出自己的人生精彩。

境由心生，境随心转。看不开，想不透，做不到，是我们的通病。我们容易将别人的事看得如水中倒影般清澈，而一旦涉及自己，就会有老眼昏花之态。其实只要能活着看到日月星辰，又何必烦恼呢？快乐是我们自己的事情，只要愿意，我们随时可以调换手中的遥控器，将心灵的视窗调整到快乐频道。

放下贪欲，少些索求，在平实简朴的生活中不挑剔，就是获得快乐的最简单方法。因为满足不在于多加燃料，而在于减少火气和暴躁；财富不在于积累，而在于减少欲望。人生很难完美，不能容忍人生的不完美，就会给自己的人生带来无穷的痛苦和烦恼。

向快乐出发，无论我们的命运是痛苦还是愉快，都是上苍赐予我们最珍贵的财富。让我们学会接受，学会包容，学会慈爱，学会珍惜，学会豁达，知足于恬淡的生活，让心灵有一种内在极致的朴素美，我们的人生就会更加光彩照人。

花开花落

只有美丽的心情才能感受这美丽的风景，只有美丽的心灵才能拥有这美丽的世界。

年年岁岁春渐远，岁岁年年春又回。风，依然寒气未退，阳光却渐渐明媚。在温暖的阳光里，我们嗅到了春的气息。光秃秃的树干不久就会冒出新芽，在阳光雨露的滋润下，嫩绿会渐渐变成深绿，然后发黄、枯萎、飘落，这是季节的轮回，也是生命的轮回。

春天是希望的季节。当秋叶落尽时，大地渐渐地进入沉睡，任天地间寒风如何凛冽，冰雪如何肆虐，大地岿然不动地从容安睡，河水也停止了流动，花草树木也在风雪中静默无语。但是凛冽北风的背后酝酿着春气和暖，漫天的飞雪中孕育了杨柳依依。希望在泥土中埋藏，在枝头上瞭望，在新芽里生长，在春意中放光。当南风带着暖意拂过大地，所有的生命都开始了萌动：大地在舒展，河冰在融化，树枝在抽芽，鸟儿在啁啾，花儿在蕴蕾。馨香的风中带来流动的诗韵，带来了蔓延的新绿，带来了萌动的生机。

人生的道路总是曲折不平，没有谁是踏着一路鲜花、一路阳光走来的。遭遇磨难时请不要气馁灰心，艰辛困苦时请不要放弃努力，请相信人生有寒冷的严冬，也一定会有温暖的阳春。即使生活落入谷底，我们也不能失去希望；即使风雨凄凄，也一定要勇敢坚持，请相信只要耐得住冰冻三尺，就一定会迎来杏花如雨、梨花如云的盎然春季。

春天是美丽的季节。春天是多姿多彩的：太阳是红灿灿的，天空是湛蓝的，枝头是嫩绿的，迎春花是娇黄的，玉兰是雪白的，木棉是粉红的，丁香是淡紫的……春天是柔和的：春雨在竹叶上跳动着，随风飘洒的细雨如烟、如雾、如纱、如丝，飞溅的雨花仿佛是琴弦上跳动的音符，奏出春的旋律……春风是和煦的：吹绿了一望无际的麦田，吹皱了静静流淌的河水，吹得百鸟都放开了歌喉尽情鸣啭，吹得百花都睁开了眼，在春风里摇曳、轻摆……

在这样美丽的季节，放下心灵的羁绊，放下所有的不愉快，放下生活的劳碌奔波。别让烦恼遮蔽了双眼，别让郁闷锁住了心房，别把这美丽的季节错过，别把这美丽的世界忽略，学会欣赏生活，学会享受生活。去郊外踏青，去桃林赏春，敞开胸怀去拥抱春风柔柔的温婉和繁花朵朵的绚烂。只有美丽的心情才能感受这美丽的风景，只有美丽的心灵才能拥有这美丽的世界。

春天是开始的季节。仰望星空，让我们感喟天地是如此浩渺无垠，而我们自己则如沧海一粟；俯看流水，让我们感到岁月长河亦是滚滚向前，百年岁月不过是蜉蝣一瞬。时光在静静地向前流淌，许多事情要学会遗忘，让生命里律动着的或甜或涩的情怀随着哪一片轻盈的落叶，悄悄沉入时光的河床。

无论是昨日的辉煌，还是十字路口的迷惘；无论是一帆风顺、青云直上，还是屡次受挫、几近绝望，都要学会遗忘，在这个开始的季节里开始新的生活。——在曾经的成功里汲取经验，再接再厉，走向更高、更好的远方；在曾经的失败里接受教训，从哪里跌倒，就从哪里爬起来，带着现实的态度，以更稳健的步伐走下去，去实现自己的梦想。

细数花开花落，静看春去春回。“回首向来萧瑟处，归去，也无风雨也无晴。”回首往事，风雨已成过去，当我们细嚼生活的酸涩时，才发现这是人生真正的味道。莫问是晴是雨、是得是失，春天已经如约而来，别管前路有多漫长，带上梦想起航，不怕风雨中的迷茫，不怕颠簸时的彷徨，迎着春的曙光，坚定地双脚从容地走向远方，用最坦荡的胸怀容纳最坏的运气，用最美丽的笑容装点每一天的时光。在这个春光融融的美好季节里，让我们掸去悠悠往事里岁月的尘埃，在心里种下一棵无忧树，让它绽放欢喜花，结出开心果，用一份美好的心态去收获喜悦，收获成功，收获精彩，收获美丽！

直播生命的精彩

学会给自己一个快乐的心情吧，用快乐去阐释工作，人生就远离了怅恨烦恼；用柔情去打磨日子，岁月将赠予我们无比丰厚的回馈。

生命如同一朵花，花开总有花落时。既然人世间最宝贵的是生命，那么，我们应该如何度过这一生？快乐是一辈子，痛苦也是一辈子，为什么我们不活得更快乐一点呢？

如果生活已经很苦闷，再用剩下的时间来咀嚼苦闷，只会让生活更加糟糕，所以要放开心胸，学会从苦闷中解脱出来。人生道路上会被布置了失望、伤心、孤独、挣扎和苦痛，人们会被日常生活的打击、工作的疲惫消磨得筋疲力尽。但是无论遇到怎样的境况，都要记得一切从快乐出发，不要逃避生活，不要躲藏，抑或封闭自己，要努力拥抱新鲜事物，经历全新体验，或许我们失败了十次，但是，也许成功就在第十一次。如果我们把自己关在成功的门外，我们就会错过成功，错过生命中最快乐的时光。

有时我们遇到的是挫折而不是成功，生活并不会总是如人所愿。但是我们要坚强，并继续向前，而不要因为这些事而陷入低谷。接受挫败并学会坚持，不畏风险地追求我们的梦想，把消极转化为积极，让这些痛苦成为我们通向更美好生活的垫脚石，并学会利用它们让自己更坚强，即便我们失败很多次，也不要被失败打倒。

生活中与他人之间的不快和误解，生活中的不幸和悲伤……让所有的烦恼都在海水涨潮的时候随着潮水的逝去而消失；用心记住别人对自己的每次帮助，把心中的感激与彼此之间的快乐和友谊刻在石头上，让它能和石头一样不朽。

快乐是需要自己去培养的，需要用心去体会的。如果我们用心去体会，蒙蒙细雨会给我们欣喜，习习凉风会给我们惬意，万里晴空会给我们舒畅，一句简单而朴实的问候传递的是友好，一个无言而坚定的眼神传递的是鼓励，一次有力而温暖的握手传递的是支持，哪怕递给我们的只是一杯白开水，这里面也蕴含了浓浓的关爱。生活其实一直是被幸福包围着的，只要我们用心去体会，快乐便时常和我们相伴。

快乐要有一颗知足的心，只有知足才能去享受生活，才能放松自己的思绪。知足并不与自己的梦想相矛盾，知足只是对现状的满足，只是一个人活在当下的生活态度。只有用心去体会，我们才会发现自己拥有的东西还是很多的。人要活在当下，享受眼下的生活。放弃一些烦恼，放弃一些利益，减轻生命的包袱，便能轻装上阵，就会与快乐结缘。

快乐要有一种拿得起，放得下的胸襟。人往往很多时候是拿得起，放不下。放得下是一种洒脱，懂得放下才会快乐，背着包袱走路总是很累的。小溪放弃平坦，是为了回归大海的豪迈；黄叶放弃树干，是为了期待春天的葱茏；蜡烛放弃完美的躯体，才能拥有一世光明；心情放弃凡俗的喧嚣，才能拥有一片宁静。放弃了蔷薇，还有玫瑰；放弃了小溪，还有大海。放弃了一棵树，还有整个森林；放弃了驰骋原野的豪放，还有策马徐行的自得。懂得放弃，是一种智慧，学会放弃之后，常常会收获意外的快乐。

快乐是需要充实自我的，其实只要每天让自己进步一点点，让自己多去发现一点点，内心就会充实起来。幸福需要我们不停地耕耘，事实上，学习的过程就是幸福而快乐的过程。

快乐其实很简单，只要用心去体会，便会发现处处都是惊喜。学会给自己一个快乐的心情吧，用快乐去阐释工作，人生就远离了怅恨烦恼；用柔情去打磨日子，岁月将赠予我们无比丰厚的回馈。

快乐是生命的支点，无论生活给我们什么，我们都要从快乐出发。给我风和日丽，我就是一朵欣然绽放的花朵；给我曲折，我就是那条欢快地向前奔流的小溪；给我宽广，我就是那只凌空翱翔的雄鹰；给我风雨，我就是那根千磨万击还坚劲的翠竹。无论怎样，也不要改变我们对生活的热爱；无论怎样，我们也不放弃对快乐的追求；无论怎样，都让生命不被生活中的烦恼所束缚，让心灵自由自在，让每一天的生活都精彩纷呈。

为生命喝彩

少一些奢求，少一些欲望，多一些知足，多一些奉献，才会使生命更加健康和有意义。

又是一个春天，岁月静静地流去，生命周而复始地循环，花谢了又开，大自然好像是在诉说生命的真相，又好像什么也没有说。一切一切，山重水复，柳暗花明。

生命犹如一种梦境，生离死别是亘古循环的过程。生命却又那么真实，经风历雨，苦难磨砺，所有的不幸和伤痛都是必须去经历的一场苦旅。

生命是脆弱的，脆弱到被自己的心魔击败而萌生绝望，经不起任何的打击。

生命也是坚强的，坚强到可以战胜任何的灾难。只要有一息的气力，它也会迸发出勃勃生机。

生命是无常的，我们永远也不知道下一刻将会发生什么。因为一念之差，就会有不同的结果，生死存亡就是一呼一吸之间。

生命是有序的，我们要遵循它应有的轨迹，你不能逆潮流而行。违背自然规律，只能是自找没趣，将遭到大自然的惩罚，招致不必要的苦果。顺应时代，顺应潮流，才能更好地适应社会，适应生活，才能使生命更久地延续。

生命是个抽象的概念，却赋予了躯体最深刻的灵魂。它培育了我们的道德，充实我们的内心，令我们思想充盈、道德不朽、精神永存，生命也因此获得了无限绵长的含义。

生命需要我们去感悟，去感悟生命存在的真实内涵。生命中有悲伤，生命中有无奈，生命中有风风雨雨和冰雪的洗礼；生命中有彩虹，生命中有恬淡，生命中也有欢声笑语。所有的一切都赋予生命丰富多彩的壮丽。要度过这丰富多彩的人生，需要不断开发智慧，拥有战胜所有苦难的勇气。人类之所以有痛苦和伤悲，之所以有烦恼和忧郁，皆因自己的内心存在着障碍，看不透事物的本质，被外在的假象所蒙蔽。

生命需要去体会，体会其真实意义。生活在这个世界，每个人对事业是否成功，有着不同的理解。事实上，不是拥有了百万千万才算成功，也不因为出身高贵就叫成功。小草平凡，它却无私地奉献着绿色，体现着忘我的精神魅力。我们只要付出了努力，流出过汗水，就会拥有属于我们自己的成功，生命的成功在于经历。少一些奢求，少一些欲望，多一些知足，多一些奉献，才会使生命更加健康和有意义。

生命多么可贵，需要我们格外地呵护和珍惜，亵渎生命是最大的无知。包容一切，开心生活，心胸豁达，看淡一切，坦坦荡荡，放飞自己，去展现生命特有的魅力！为生命喝彩，为别人喝彩，也为自己喝一回彩！

再见了悲伤

与其在烦恼中苦苦挣扎，不如洒脱地挥手再见，告别烦恼，告别悲伤，让我们阳光的笑脸依旧，阳光的心态依旧。

人生如月，月满则亏，凡事怎能尽如人意？生活中，每个人都会有很多烦恼。有时，一点小事，就让我们烦恼不已。其实，很多事情并不值得烦恼，可是很多人常常会深陷其中，不能自拔。但是，不论发生了什么不愉快的事情，都要学会不去烦恼，因为烦恼比岁月更容易催老我们的容颜。它会影响我们的心境，增添我们身心的负重，破坏我们的人际关系。所以，我们要学会告别烦恼，和不期而至的烦恼挥手说再见。

告别烦恼，不是说就没有烦恼了，其实让人烦恼的事情会很多，自己身体的不舒服、工作不顺心、亲人生病了、朋友误解了……一切的一切都是烦恼的理由。然而，关键不在于烦恼是怎样产生或是怎样的无孔不入，而在于我们以怎么样的心态对待它。遇到烦恼，及时地调整好心态，让烦恼和我们擦身而过，向烦恼挥手道别。

告别烦恼，就是敞开心扉，让阳光充溢着每一个日子。其实，生活中，外在的事物并不能对我们起什么作用，唯一能起作用的便是我们的内心。烦恼常常是拿别人的错误来惩罚自己。一个人只要心胸宽阔，心地豁达，积极地看待问题，就会少了很多烦恼，就可以轻松愉快地度过每一天。

告别烦恼，就是告别一个又一个可能变得晦暗的日子。烦恼，常常让我们的双眉深锁，满面愁容，心情郁闷，也因此让生活里流失了许多的快乐，平添了生命的负担。如果我们能学会用智慧去看透烦恼的本质，我们就会发现开心和烦恼就好像是手心和手背，只要我们能转换角度、转换立场来看待问题，就可以把原本的烦恼转为开心，就可以把那些因为不好的心情而导致的“阴天”转为阳光明媚的美好的日子。

告别烦恼，就是告别一种心境。如果遇到了不如意或不顺心的事，尽量学会不去诉说，诉说是在延续已经过去的不愉快，诉说会把烦恼放大，用沉默来平静自己高涨的神经，让时间来把一切抹平。任何烦恼都抵不住岁月的侵蚀，随着时间的流逝，烦恼也会渐渐地淡化，所以心情不好时，不去理会它，不要让消极控制了自己的思想，学会从另外一个积极的方面来看待问题，并且坚信再糟糕的情形下也会有积极可取的地方。那么不好的心境很快就成为过去，并且像一阵轻烟，了无痕迹。

告别烦恼，就是握住幸福的每一刻。生活的确很平淡，很朴实，甚至很琐碎，但只要我们用心去体会，就会发现幸福常常就在这琐碎的点点滴滴里：临出门时亲人的一句嘱咐，千里之外朋友的一句亲切的问候，劳累时同事送来的一杯白开水，佳节好日里收到的一声声祝福……这些平凡的日子里无不蕴含着他人的关心和爱护。与其记住那些不开心，不如铭记这些简单却真实的幸福，握住每一刻幸福的时光，就像握住花儿的芬芳，让它的芳香漫延到岁月的每个角落。

其实，生活就是一壶酒，每个人都是自己生活的酿酒师。有的人把生活酿成了苦酒，天天都在咀嚼自己的不幸，岁月的长河变成了无尽的苦海；有的人把自己的生活酿成了美酒，天天都在品味着生活的甘露，百年的时光被打磨得光彩熠熠。

告别烦恼，和悲伤说再见吧，让自己生活在一片阳光里——阳光的笑脸、阳光的心态。如果天空刮起狂风，那么就在这飓风里成长我们的坚毅；如果天空下起大雨，那么就在暴雨中欢快地唱歌，让雨水来滋润我们的心田；如果天空飘落雪花，那么就让我们在这皑皑的银色世界里与飘雪一起飞舞，舞出生命里绝伦的精彩。风雨过后，依然会是阳光明媚，万里晴空。与其在烦恼中苦苦挣扎，不如洒脱地挥手再见，告别烦恼，告别悲伤，让我们阳光的笑脸依旧，阳光的心态依旧。

快乐在一线之间

也许我们不能拒绝现实生活中那些无常的发生，但是我们可以选择一份达观、包容、宽广的人生态度，来决定自己的命运，实现自己的生命价值，获得生活中的开心。

人生如水，水有逆流，也有顺流，所以人生有欢乐，也有痛苦。我们容易沉浸在现有的快乐中，久久陶醉而不能自拔，当这快乐突然消失，我们茫然不知所措，为失去的快乐陷入苦闷的深渊，却没有发现生活中的其他地方还有快乐在等着我们，生活中的快乐其实掌握在我们自己的手里。

有一种快乐在放下中。拿得起，放不下的人，会烦恼重重。学会放下，放下压力，放下往事，放下消极，放下抱怨，放下狭隘，放下世间的劳苦愁烦，学会对自己说声顺其自然，学会坦然地面对厄运，学会积极地看待人生，学会凡事都往好处想。这样，阳光就会照进心里来，驱走恐惧，驱走黑暗，驱走所有的阴霾。

有一种快乐在宽容中。缺乏宽容之心的人，处处用自己的标准衡量别人，满眼都是看不惯，到处都是不顺心，脸上总是没有一丝笑容，说话的语气总是淡漠，缺少友善之意，结果朋友越来越少，烦恼越来越多。具有宽容之心的人，懂得换位思考，他们总是站在别人的层面上看问题、想事情，时时处处替别人着想，对象不同，要求的标准也不同。这样的人用自己的宽容得到别人的真心，达到相互理解，相互尊重，友谊长存，心情舒畅，其乐融融。心宽，天地就宽，装得下他人，也就容装下了无尽的快乐。

有一种快乐在付出中。一味地索取，一味地追求拥有，到最后虽然什么都得到了，却唯独丢失了快乐。有一首歌曲唱道：“只要人人都献出一份爱，世界就会变成美好的人间。”富有爱心的人是最能感受快乐的。当别人心情郁闷的时候，你能给他一丝安慰；当别人身处危难的时候，你能伸出一双援助之手。举手之劳点亮别人的生活，带给别人希望，多么自豪！多么美好！关爱弱势群体，救助失学儿童，照顾孤寡老人，帮助困难群众，孝敬父母双亲……也许，我们真的可以做些什么。在触手可及的细节里，在不曾在意的生活中，带给别人想要的温暖，而我们也因为付出了爱心而得到了发自内心的快乐。

有一种快乐在自然中。人的心如同一个杯子，杯里的水就是人的心事，水太多了，就会溢出，所以我们要倒掉一些才行。心情也是一样，负荷太重了，就需要放松一下，与其闷在房间里与烦恼纠缠，不如走进自然，放飞心情，让微笑重新回到脸上。当心情忧伤时，走出房屋，抬头看看，天空还是那样的蓝，白云像轻纱一样漂浮，阳光还是那样的明媚。无论哪个季节，总会有花儿欣然绽放，也许是欢快的迎春花，也许是娇艳的玫瑰，也许是一串串的槐花……人生不会总处于低潮，正如天空不会永远飘落雨滴。快乐是最重要的，当自己不开心的时候，去拥抱自然，让充满好奇的眼睛在寻常的天地间读出大美，让心在与万物的美好交流中感到无比的欣喜与满足。不知不觉间，在自然的怀抱里，烦恼就消失得无影无踪，快乐却装了满怀而归。

有一种快乐在坦然中。人生中有许多的成败与得失，并不是我们都能预料到的，很多的事情也并不是我们都能够承担得起的，但是，只要我们努力去做，求得一份付出后的坦然，那么得到的也是一种快乐！假如生活给我们的只是一次又一次的挫折，一次又一次的失败，这也没什么，因为无论如何，命运并没有夺走我们活得快乐和自由的权利。不幸有各种理由，而快乐不需要任何理由。没有蓝天的宽广，我们可以有白云的飘逸；没有大海的壮阔，我们可以有小溪的悠然；没有森林的繁茂，我们可以有小草的青翠。因为生活里没有旁观者，每个人都有一个属于自己的位置，每个人也都能找到一种属于自己的精彩。坦然，会让我们的生活美丽而快乐！

有一种快乐在分享中。我们不但要自己快乐，还要把自己的快乐分享给朋友、家人，甚至素不相识的陌生人。因为分享快乐本身就是一种快乐，一种更高境界的快乐。

还有许多的快乐在坚强里、在珍惜里、在知足里、在追求里……也许我们不能拒绝现实生活中那些无常的发生，但是我们可以选择一份达观、包容、宽广的人生态度，来决定自己的命运，实现自己的生命价值，获得生活中的开心。因为，快乐和烦恼就在一线之间。

快乐的生命才完美

不是每个人都会长成参天大树，不是每个人都会成为栋梁之材，那就甘心做一丛杂草、一株野花吧！

“对酒当歌，人生几何”，悠悠岁月，悄然无声地从指缝间流逝。当醒悟时，剩下的或许只是一声叹息。人生苦短，岁月不待，在有限的生涯里，又何必在失落与苦恼中徘徊？人生是一本厚重的书，需要用一生的时间认真研读，用心领悟，我们很难参透自己手掌那纵横交错的纹路，仿佛是无言的上苍在说一切命运尽在自己手里。

人生是一种大境界，不必强求一切局部的完美，只有如此，才能多一分洒脱，少一分怨恨和抱怨，生命里也才会多些开心。在人生旅途中，并非所有的呐喊都有回声，并非所有的蓓蕾都有开放的机会，只要我们以宽广的胸怀和开朗的态度对待生活的艰辛，永远都不放弃对生活的信念，那么无论怎样生活，也都会变得有滋有味，生活里也都会有笑声相伴。

在生命的旅途中，我们说不清自己最重视的人或物会在何时与我们分道扬镳，连我们身体的某一部分，都有可能无法陪同我们走到终点。而心情，只有心情，像影子一样是我们一生不离不弃的挚友，是与我们的生命“等长”的东西。心情好，我们才能活得美；满怀着快乐，我们才能活出完美的生命。

快乐是一缕春风，染绿荒芜的山岗；快乐是一抹阳光，催开迟开的花朵；快乐是一汪甘泉，浇灌干涸的希望；快乐是一盏明灯，为他人也为自己照亮了前进的方向；快乐是一种神奇的善良，它能使人世间的很多平凡变成精彩。

有一朵小小的蒲公英，不停在风口浪尖上摇晃，她说，只要盛开，就要怒放；只要坚持，就是希望！她的世界，禁锢在小小的花盘上。可是她说，眼里的天空，无限大，虽然孤独，却从不寂寞。风雨吹打着她，而她，却始终微笑。她说，笑容就是一块调色板，只要能够拥有快乐，生命的画图上就有了最美丽的色彩。她把痛苦与泪水，藏在花开的瞬间。她说，只要还能怒放，就要开成最美的一枝蒲公英，即便最后香消花殒，也要在漫天飞舞中快乐地演出生命的绝舞！

生命是快乐的、顽强的，任何地方它都存在。春天来临了，枯草又活了，嫩绿的小草托着晶莹的露珠闪闪地反射出朝阳的光芒，她在证明：生命虽然弱小，但一样坚强而快乐；老树的枯枝，几年不长新叶，枝头上又慢慢地萌出了碧绿的新芽，她也在证明：只要生命还在，就要坚强而快乐地活着；石缝里长出的小花，还有那一滴一滴慢慢往外冒的泉水，也在证明：快乐的生命就是完美的生命……

谁都拥有梦想，或大或小，或远或近，实现梦想的路有千万条，或坎坷或平坦，或复杂或简单。也许我们要用一生的时间去实现心中美好的愿望，也许那会是一条没有尽头的路，也许我们会感觉自己是一只疲惫的大雁，只能不停地扇动着翅膀向前飞翔，望天也迷茫，望水也迷茫。但是我们从未改变过自己的初衷，从未放弃过自己的向往，总是快乐地追逐着自己的梦想。在生命的最后，我们回首曾经的旅程，会发现原来生命的旅途早已是一路芬芳。

历经人世沧桑后，忽然明白，不是每个人都会长成参天大树，不是每个人都会成为栋梁之材，那就甘心做一丛杂草、一株野花吧！生命本身没有高低贵贱之分，能用自己的生命去衬托他人，为世界奉上哪怕是极微小的一份美丽，这样的人生一样是有价值的，这样的生命也同样是辉煌的，这样平凡的一生依然是真实而美丽的。因为，飘着快乐的芳香的生命便是完美的生命。

莫向梦里寻恩仇

不管是惊涛骇浪，成败沉浮，都不过是历史轮回中的惊鸿一瞥。

看历史长河，悠悠千古，不论是英雄豪杰，王公贵族，还是平民百姓，有多少恩怨情仇，不都随着生命的完结而消逝？人生如歌，人生亦如梦，向老天祈愿，相逢一笑泯恩仇。

知恩报恩，人间真情；冤冤相报，何时是头？是非恩怨，又有谁人能平？不见那古今多少英雄汉，南北青山黄土埋；空山空水空明月，千秋往事一梦间。“了然只是梦，茫茫复何求”，当明了何来的恩怨情仇，你还会为了曾有恩于他人而望报，无意间的仇恨而烦恼吗？人间不平到处是，不平只近幽怨来，怨天尤人，叫天不平，但可曾自我醒省，何以只有自己不平多？

悠悠沧州道，南北名利客，年年杨柳绿，往事随烟灭。

自古多少为名为利客，忙忙碌碌南来北往，其间的恩怨情仇不知几何，但如今又有多少人知道，浮云似梦，与谁为仇，云烟过眼，与谁结怨。英雄也罢，百姓也罢，伟人也罢，凡人也罢，不过是过眼空花，无常的繁华，更别说那短暂的怨与仇。实实在在的人生路走过去，回眸之间不过是水月空花，又有几人会让后人得知：不管是惊涛骇浪，成败沉浮，都不过是历史轮回中的惊鸿一瞥。

你恩我怨，他情己仇，仔细道来却又不可捉摸，无处下手。如此恩仇何处来，又当让它何处去？当往事埋没在地面以下，那让你失去自我，迷失自性的情仇恩怨又在何方？一切情怨随缘去，莫向梦里寻恩仇。

人间沉浮何须问

多少荣枯成过往，人间前程是善良。

“荣枯回眸成大梦，幻化百年空悠悠。名利一场纸半张，流水消磨古今人。”人生如浮云，多少成败得失，都只是在历史的天空游来飘去。多少英雄汉，多少聪明客，穷尽一生，为名为利奔波辛苦，到头来终究是如流水东逝，如浮云散去。

人生也许会有许多条道路，有的人直奔金钱，有的人追逐权势，有的人致力学问，有的人探索艺术，有的人沉迷声名，但是无论是哪种生活方式，无论是怎样的生活道路，我们总需扪心自问，所追求的是否对得起自己这至为珍贵的生命，生命深处的需求究竟是什么？

如果我们只是停留在对物质的追逐、拥有、享受上，那我们的生命是非常肤浅的，如果我们能够摒弃外在的一切羁绊，深入地去思考人生，去感知天地万物，去探究生命的真实意义，我们也许会收获一笔丰厚的生命礼物。

如果把生命的全部意义只定格为追求功业的辉煌、事业的兴旺发达，为了光宗耀祖，结果却是容易背离生命的方向，忘记了人生的初衷，忘记了原有的热情，忘记了做人的那份干净，得到更多的是对生命的敌对以及对生活的彷徨、失落。

我们苦苦地追逐财富，却不知道善良才是这个世间最为珍贵的宝物，是一笔无价的财富，也只有善良才是我们心灵真正的归宿。善良，在我们每个人的内心深处，即便是罪孽深重者，穿过灵魂的缝隙，也总能寻到一丝善的光芒。当我们自以为失败，甚至一无所有时，至少还有时间和未来；当我们自以为贫穷，甚至一文不名时，至少还有微笑和善良。善良是广阔无垠，包容一切的胸怀；善良是没有得失的计较、没有对错的分辨、没有好坏的执着的一种大气；善良，是一种看不见、摸不着的美丽；善良是一种至尊的、高贵的气质。生命会因为善良而闪烁瑰丽的光芒。

且不必追问善良对他人的帮助有多大，但至少，善良首先让我们自己内心纯净，让我们拥有美丽的笑脸，让我们拥有快乐的时光，让我们拥有精彩的人生。

善良是人生的灯塔，它不仅照亮我们前行的方向，它也给人们、给世界带来光亮。善良的人对别人行善，自己的一生会生活在爱的幸福里，因为我们的付出，可能帮助一个人走出困境，或者帮助一个人获得新生。好比盛开的花朵，为世间提供了美丽和芳香，为蜜蜂蝴蝶提供了食物，也美丽了自己的一生。经历过善良的人才能悟透善良的含义，“吃亏是福”在这时也有了清晰的注脚。

无论经历怎样的坎坷，怎样的磨难，都要坚定地守候心底里善良这块宝贵的沃土。只有坚守善良，我们才不会在纷繁的世事、喧嚣的繁华中迷失生命的方向；只有坚守善良，我们的内心世界才有阳光的灿烂百花的芬芳；只有坚守善良，生命的旅途中才会轻歌曼舞笑声飞扬；只有坚守善良，我们才能抵挡人生道路中所有的风雪雨霜。

多少荣枯成过往，人间前程是善良。春秋轮回，人间更迭，多少故事，恍如烟雨朦胧；花谢花开，桑田沧海，银河悠悠，镌刻悲欢离合。多少的希望，多少的梦想，唯有不愿背离人生的善良；平凡的路途，简单的岁月，要常祈祷人间安宁，常祝愿山河俊美，常赞叹朋友们收获无限的快乐。

让微笑来做我们这一生的名片

倾尽我们毕生的光阴去微笑，要让微笑永远写在我们的脸上。

微笑，似蓓蕾初绽。这朵花，植根于美好的心灵。真诚和善良，在微笑中洋溢着感人肺腑的芳香。因此，人生在世，当微笑着告别寒冬，微笑着迎接阳春。

尽管，未来的岁月里，还会有风风雨雨，但心灵的花蕾上，总是闪烁着信念之光。不要抱怨生活给予了太多的磨难，不必抱怨生命中有太多的曲折。大海如果失去了巨浪的翻滚，就会失去雄浑；沙漠如果失去了飞沙的狂舞，就会失去壮观；人生如果仅去求得两点一线的一帆风顺，生命也就失去了存在的魅力。把每一次的失败都归结为一次尝试，不去自卑；把每一次的成功都想象成一种幸运，不去自傲。就这样，微笑着弹奏从容的弦乐，去面对挫折，去接受幸福，去品味孤独，去战胜忧伤。一切的一切，都只是一个过程，回头再看时，它不过是过眼的烟云，轻微的不值一提。

微笑吧，微笑是我们一生的财富。微笑的风采，包含着丰富的内涵。它是一种激发想象和启迪智慧的力量。在顺境中，微笑是对成功的嘉奖。在逆境中，微笑是对创伤的理疗。微笑像一杯热茶，滋润我们干涸的心田；微笑如冬日阳光，帮助我们驱走一切的寒冷。

微笑吧，把尘封的心胸敞开，让狭隘自私淡去；把自由的心灵放飞，让豁达宽容回归。这样，一个豁然开朗的世界就会在我们的面前展现。

微笑吧，它是我们的生活里不能或缺的元素。而想要生活得快乐，最重要的就是保持自己的本色。自己的命运只能自己把握，不能把自己的命运交给所谓的神灵。我们只能自己唱自己的歌、画自己的画、浇灌自己的花园、营造自己的天地，自己去适应这个社会、去适应周围的环境，任何人都不能代替。

微笑就是我们好意的信使，我们的笑容能照亮所有看到它的人。对那些整天眉头紧皱、愁容满面的人来说，我们的笑容就像穿过乌云的太阳。它会让任何人都感到生活中充满着希望、充满着快乐、充满着阳光。

微笑是最好的礼物，它价值丰盛，却不费一文钱。它不会使赠送的人变得拮据，却使收受的人变得富有。它发生于分秒之间，却能令人永生不忘。没有人因富足而不需要它，也没有人因贫穷而不受它的好处。它为家庭带来欢乐，为事业培育关爱，在朋友间互通情谊；它使劳累者获得休息，使沮丧者重获希望，使哀伤的人得到抚慰，也使陷入烦恼的人得到解脱。

微笑吧，微笑着的我们，要用微笑的力量，去关照周围、去感化周围、去影响周围，直到每一个人的脸上都挂起一片不落的笑容。倾尽我们毕生的光阴去微笑，要让微笑永远写在我们的脸上。

走过烦恼人生　实践大爱无言

慈悲无价，慈悲无限。愿慈悲之光洒满人间、普照苍生。

佛法浩若烟海，博大精深。但是，它来自于生活，应用于生活，是从生活当中提炼出来的，揭示人生真谛的思想理念。

慈悲是佛教最常用的词汇。所谓慈悲，简单地说，就是无条件给予众生快乐，不忍众生受苦，让众生离苦得乐，希望众生从一切痛苦中解脱出来。慈悲是人世间最美好、最高尚的情感，是至高无上的爱。慈悲是真正的平等，就像太阳的无限光芒，无分别地遍洒世界每一个角落。慈悲心是一种彻底的利他之心，是一种“不为自己求安乐，但愿众生得离苦”的奉献精神，没有丝毫自私的成分，没有任何负面影响。

世界本来很干净，因为有“我”却不同。我们受无始以来的无明和烦恼习气的牵绊，很难把我们内心的“我”抛掉，要发起慈悲心也不是一件很容易的事，这个“我”与慈悲互相抵触。然而，我们每个人的内心深处都有慈悲的种子。提升我们的人生品质，完善人格，真正从各种烦恼和痛苦中解脱出来，广行菩萨道，誓愿度众生，发起大慈大悲之心，开启这个无价之宝，便成为可能。

要发起真正的慈悲心，首先必须对痛苦有足够的认识和体验。人生无常，痛苦连连，生老病死，天灾人祸，不如意之事等，比比皆是。由于这些苦难和不幸可能没有发生在身边，我们会有些麻木，不容易被这些苦难所触动、所震撼。我们可能认为，痛苦是别人的事，与自己无关，甚至从未想过这些事也许会发生在自己身上，更没有想过死亡随时都有可能来临。更有甚者，有时还会幸灾乐祸，将快乐建立在别人的痛苦之上。所有这些，都是我们内心的自私、贪婪、愤怒、傲慢、嫉妒、狭隘等在作祟。

要破除“我”，就要去掉我们内心的自私、贪婪、愤怒、傲慢、嫉妒、狭隘等。为什么我们不能慷慨布施，因为担心“我”会受到损失；为什么我们不能忍辱，因为认为“我”会受到伤害；为什么我们不能无条件地帮助他人，因为觉得这样“我”会吃亏；为什么我们没有勇气承担众生的苦难，因为害怕“我”会因此失去幸福……由于我们都生活在自己精心建造的“我”的牢笼之中，所以很难对他人生出真实的慈悲心。

由于根深蒂固的“我”的存在，我们很难真正关爱他人，我们对别人的爱和帮助是有所求、有所得的，即使没有物质的回报，至少希望别人在精神上有所表示，假如对方连一句感激的话都没有，我们就会失落、难过，开始埋怨自己为什么要做一个好人。而真正的慈悲是无我的，是无私的、默默无闻的奉献，他知道帮助别人就是在成就自己、完善自己。

在深刻理解无我的基础上，还要进一步认识到一切现象在本质上都是虚幻不实的，是空性的显现，是个人自心的投影。我们所看到、听到、感觉到的，从根本上说都是不真实的，都如梦幻泡影一般，了不可得。如果我们能保持这样的信念，就能逐步消除对外境和自我的贪恋。我们的执着愈少，就愈能看清一切现象的虚假，进而不被其迷惑。这样，内心的焦虑、恐惧就无从产生，慈悲心也就开始生起。因为我们深深了解到，众生之所以在轮回中遭受永无止境的痛苦，根本原因就是无明，不了解一切现象的本质如梦幻般虚妄不实，从而产生颠倒执着。

要发起真实的慈悲心，认识到众生与自己是密不可分的。所有众生都有佛性，在这一点上，众生是平等的。即使是所谓的邪恶众生，我们也要看到他们本质上都具有佛性，而不应轻视他们。这个世界并没有绝对的好人，也没有绝对的坏人，因为好与坏都是由因缘和条件决定的，并非一成不变。

众生是一不是二。把自己和众生分开，个体的生存和发展是根本不可能的。所谓的自由和独立，都是相对而言的。我们绝不能为了个人利益而损害他人，和谐、宽容的人际关系和社会氛围的形成，每个人都有一份责任。

更重要的是，我们必须深刻认识到，所有众生都有一个共同愿望和基本权利，那就是离苦得乐。把别人看成和自己一样，都希望得到快乐，远离痛苦，是启发慈悲心的有力方法。它将打开我们的心扉，激发我们的慈悲，使我们有更多智慧去了解如何关爱并帮助他人。如果每个国家和民族都能以同样方式互相看待，那么世界和平和人类的快乐共存就必定能够实现。

随时随地，我们都可以修习慈悲。一句诚挚的问候、一丝真诚的微笑，都是慈悲的体现。吃饭时，要想到世上还有很多众生在忍饥挨饿；穿衣时，要知道还有很多众生衣不蔽体，到处流浪；身体健康时，要想到还有很多众生正遭受病痛折磨，身心憔悴；心情愉悦时，要明白还有很多众生正经历精神痛苦的煎熬。总之，时时刻刻都要提醒自己，世上任何一个角落都有受苦的众生。我们要真诚发愿：奉献自己的快乐，承担众生的苦难。

当看到有人慷慨布施时，要随喜；当看到有人帮助他人时，要赞叹；当看到别人事业有成时，要欢喜；当看到有人从苦难中超越时，更要从内心为他感到高兴。总之，当我们看到任何人行善或成功的时候，都要从内心为他们感到快乐。发自内心地随喜赞叹，是重要的修行，也是积累福报的有效方法。它能扩大我们的心胸，增长我们的慈悲。相反，如果心怀嫉妒，就是把别人的快乐当作是自己的痛苦，就是自寻烦恼。嫉妒是慈悲的大敌，它不仅伤害他人，更伤害我们自己。

有时，我们会有意无意地在他人面前炫耀自己的慈悲，认为自己很慈悲，而抱怨那些我们认为不慈悲的人。其实，这已不是真正的慈悲了。慈悲不是做给别人看的。作为一个慈悲的行者，我们无权要求他人像自己一样，更不必为此烦恼。我们唯一要做的是，以自己的实际行动去影响、感化他人。学佛，重要的是对治自己的习气，而不是拿佛法到处挑别人的毛病！

有时，我们还会为自己的不慈悲找到很多漂亮的借口。当遇到一个可怜和需要帮助的人时，我们可能会说：这是他的业障，是他自作自受，即使帮助他也无济于事。尤其对那些恶业较重的众生，我们更是不屑一顾，觉得这样的人是罪有应得，根本不值得同情和帮助。有时，当我们关爱他人而对方不领情时，我们就会有受伤的感觉，觉得众生难度，于是放弃对众生的慈悲。但我们错了，我们只是在为自己的不慈悲寻找借口。因为，真正的慈悲是无我、无所求和无所得的，也是任何一个学佛人义不容辞的责任。

慈悲还是对付孤独和寂寞的绝妙良方。真正心怀慈悲的人，不会感到孤独和寂寞。因为他的内心始终充满无限之爱。他慈爱所有众生，也必然为每个众生所敬爱，而且他的爱是无私、无我的。就像天上飘过的云，空中飞过的雁，不会留下任何踪迹，毫无牵挂和执着。

慈悲无价，慈悲无限。愿慈悲之光洒满人间、普照苍生。

微笑着诠释人生

微笑是从从容容的人生态度，我们微笑着面对生活，生活也一定会微笑着面对我们。

人生如画，有了微笑的画卷便添了亮丽的色彩；人生如歌，有了微笑的歌声便多了动人的旋律；人生如书，有了微笑的书籍便有了闪光的主题。微笑着善待生命，珍惜生命，就能超越生命，享受生命。带着微笑出发，勇敢生活，快乐面对，敞开心扉，放飞思绪，让笑声充满我们身边每个角落，忘记忧愁，铭记快乐！

生活常常会跟我们开些不愉快的玩笑，可是要使它美好却并不是很难，只是我们需要做到善于满足现状，并很高兴地感到事情原本可能更糟的。

如果火柴在衣袋里突然燃烧起来，我们应该庆幸——幸好只是在衣袋里而不是在火药库；如果有穷亲戚来家里，我们应该庆幸——幸好来的不是警察；如果我们的手指上扎了一根刺，我们应该庆幸——幸亏这根刺没有扎在眼睛里；如果我们有一颗牙痛起来了，我们应该庆幸——幸亏没有满口的牙都痛起来。

心态调整能力好的人，能从糟糕的处境中看到有利的一面。心态调整能力差的人，一旦面临不良的情况，便会陷入极端沮丧的境地。心态的好坏，能左右我们的生活，同样也影响着我们的命运。乐观者和悲观者有时仅仅是在一个念头上存在着差别，而这却能够造成两个世界的巨大不同。

每个人都有自己光明的前途，每个人的潜力都是巨大的，关键在于你如何创造，如何发掘。悲观的人常常自叹自怨，认为自己的前途是漆黑一片，认为自己没能力成功。渐渐地，他们变得消极，自卑，堕落，这样就在无形中扼杀了自己的潜力。试问，连自己都不相信的人，还能相信什么？相反的，乐观的人总是对未来充满希望，对自己充满信心，通过自己脚踏实地的努力，一点一点取得进步，一点一点积累自信，一点一点将自己的潜能释放出来，终于成就自己光辉的一生。因而可以看出，乐观的人“笑”着实现了自己的梦想，而悲观的人“愁”着毁掉了自己的梦想。如果说人生是旅程，人们不知如何起程，如何到达彼岸，那么，就让我们迎着朝阳启程，带着微笑出发。

微笑是人类美好而生动的表情。微笑是特效美容霜，抹它于脸上，面容愈加美丽动人；微笑是一脉清泉，潺潺流过心田，润泽的内心丰盈而深情。微笑是从从容容的人生态度，我们微笑着面对生活，生活也一定会微笑着面对我们。

喧嚣尘世，受约束的是生命，不受约束的是心情。只要心是晴朗的，人生就没有阴雨。

微笑，是平易近人、和蔼可亲的直接表现，是乐观开朗活泼性格的袒露；微笑，是一种发自内心、不易捕捉的心灵电波，它会使别人在不知不觉中欣然友好地接纳你；微笑，是我们手心里的一片爱的阳光，温暖了他人，也温暖了自己；微笑是融化冰山的一团焰火，无论多少误解、多少摩擦，都能在真诚的笑意里烟消云散。

给自己一个微笑，会平添一份自信和振作，只要舒展眉头笑一笑，就给自己打开了一扇新的门；微笑会拭去心上的泪痕，抚平旧伤新痛，融化心中的坚冰，祛除懦弱，抛却沮丧，扬起意志的风帆远航。

对他人微笑。只要你眉目间展露的是真诚，即使这微笑只是惊鸿一瞥，也会像穿越乌云的一缕阳光，照亮他人的心灵。微笑吧，用宽和敦厚的微笑将周遭渲染得花繁春暖。微笑，它能给人以幸福舒心的感觉。感受到微笑的人，也会回报以愉悦。选择了微笑，你就会发现每一天的生活都充满了愉悦乐趣。

生活，像海水一样充满波澜，总会有不如意之事，既然无法避免，为何不笑而处之呢？悲伤、愤怒、气馁、埋怨，都无济于事，不如给生活一个微笑，让自己生活得舒坦，使自己充满希望。微笑吧，乐观积极的心会赠你希冀的种子。闷闷不乐无精打采是一天，带着畅快的微笑开心也是一天。朋友，让我们带着阳光灿烂的微笑，带着愉悦、快乐的心情去面对美好的生活吧！

走过那些难忘的流年

生命的意义就在于享受不断追求、不断克服、不断超越的过程。在苦难的历程里，让我们用坚强唱出生命里最嘹亮的歌声，勇敢地在人生的海洋里搏击风浪！

世事难料，人生无常，生活从来都不会是一路欢歌笑语，也许生活中琐碎的事让你烦恼压抑，突如其来的变故让你无所适从，从天而降的疾病让你备受煎熬……但生命的意义就在于享受不断追求、不断克服、不断超越的过程。

流年的时光在悄悄地逝去，柳梢的叶子已渐黄。蝉坠清露，蝶落寒霜，午后的阳光虽然明亮，斜晖的长笛已经吹响。聆听岁月剥落的天籁，笑看曾经的苦难化为昨夜天空中最耀眼的星光。在苦难的历程里，让我们用坚强唱出生命里最嘹亮的歌声，勇敢地在人生的海洋里搏击风浪！

人间春复秋　叶叶都从容

即使地老天荒，即使风烛残年，我们总能看到生命的延续，总能看到明天的太阳照样灿烂升起。

心清水现月，意定天无云。青山遮不住，毕竟东流去。我们生活在人世间，就要学一种豁达，学一种洒脱，学一种开心，看人间花开，赏天高云淡。

流逝的岁月，曾经的过往，让我们渐渐懂得：对于一些无法放下的人和事，我们必须要学会坦然，学会释怀。人生之路毕竟还很长，我们该做的，是好好把握今天，让生命中的美好，从此别再错过！

朝阳有朝阳的美丽，晚霞有晚霞的风采，正午的太阳也有火辣辣的灼热和不适。因此，面对已流逝的岁月，我们不要无谓地感叹，而应当怀揣明媚的希望，即使地老天荒，即使风烛残年，我们总能看到生命的延续，总能看到明天的太阳照样灿烂升起。

生命，不是活给别人看的，它是一朵花，静静地开，悄悄地落，有阳光和水分就能按照自己的方式生长。我们的十指应该平平整整地伸直，决不能像葡萄藤那样为了攀升就一个劲儿地卷曲。

生命总以旧的终结和新的萌生来昭示它永恒的魅力，因而我们不必过分感叹岁月的流逝、年华的易变，因为时间最美妙的乐章是现在，把握现在，使现在过得充实快乐，才是生命的原本意义。能够给他人给自己带来快乐和利益的人生才是最有价值的人生。

生活里，面对很多事情，如果我们换一种眼光来看待，也许悲也是喜，苦也是乐。快乐和幸福是自己争取的，并不会无缘无故自己从天而降，只要自己坦然地面对生活，生活之路就有可能越走越宽，珍惜身边的人，才会让身边的人也越来越珍惜自己。

世界是美丽的，生活是多彩的。我们要学会用善意的眼光去看待这个世界，看待我们身边的每一个人。多看世界阳光的一面，多看他人的优点，让他人的优点来弥补自身的不足，让一切美的东西充满自己的世界，也让自己的世界充满微笑，让自己的生活多姿多彩，让我们生活在这美丽的世界。去收获快乐、去播撒快乐，保持一种从容、信守一份豁达。赏人间花开花谢，睹流云聚散离合。

人生就是一个人的较量

这个世界上只有一个对手，那就是我们自己，我们自己才是那座难以逾越的最高山峰。

海到天边天作岸，山登绝顶我为峰。无论我们觉得自己是多么的有才能，或是多么富有、多么的有权势，请不要总去和他人一比高低。因为财富、权利、声名、相貌、学识、才华等等，不管是哪一种，都是山外有山人外有人。大海纵然辽阔，海的尽头还有一片更宽广的天际，所以如果要较量，就和自己的内心较量，这个世界上只有一个对手，那就是我们自己，我们自己才是那座难以逾越的最高山峰。

我们常以为外来的帮助最重要，可是实际上来自内心深处的力量才是我们自己熬过冰雪获得新生的力量。所以我们要抵挡的不是外在环境的恶劣，而是即便是风送花香的日子，我们依然需要面对心灵的较量。

在心灵的较量中，让我们用坚强战胜懦弱，用包容战胜计较，用坦然战胜胆怯，用宽容战胜狭隘，用智慧战胜愚痴，用真诚战胜虚伪，用冷静战胜愤怒，用从容战胜浮躁，用微笑战胜悲观。

当我们克服了自己的种种缺点并超越了自身的某些缺陷时，我们才是真正的勇者，真正的强者，真正的成功者，我们也就真正地成为世界上那座最高的山峰。

留住生命的那份纯粹

真正的快乐可以很简单，只要留住生命的那些纯粹，就能对灵魂不断进行洗涤，让自己的生命回归那初生的纯粹。

不知什么时候，我们慢慢发现，自己看不到生命的那份纯粹了。阳光似乎失去了色彩，荷叶上的露珠似乎也失去了光芒，生命变得无奈。其实我们不如让自己的灵魂沉淀下来，寻找那份生命的纯粹，留住生命的那些纯真、感动、善良。

留住生命的那份纯真。可能我们的纯真不知何时已淹没在那熙熙攘攘的人流里，或沉淀在那漫长的岁月河底里，抑或丢失在某个不知名的墙角里。但我们可以用豁达的喜悦和看开的坦然去面对一切，用当初孩提时的眼光去看这个越来越纷乱的世界。唤醒那份纯真，让漫天弥漫着花香，让鸟儿欢歌，让虫子跳舞，让自己的心灵欢腾。让我们的纯真如小楷里的几笔狂草，成为心里的一份收藏。留住幻想，留住善于发现的眼睛，让世间万物在我们眼中发光。

留住生命的那份感动。在我们有限的生命旅程中，无论喜悦还是悲哀，无论是亲情还是爱情，或多或少都会有令我们感动的瞬间。当我们遇到这些美好或辛酸的感动时，不妨将它们摄取并保存起来，因为人活着就是在物质和精神之间寻找一种平衡。打开自己，才能看到外边精彩的世界。

留住生命的那些善良。一个人的生命可能不被时间留住得过长，但是有些东西，一定要珍藏。留住善良，让善良发自内心。因为善良不需张扬，而是在低调之中。善良虽只显现于一时一事，但却来自内心长期的积淀。有善的支撑、爱的信念，生命才会灿烂。

真正的快乐可以很简单，只要留住生命的那些纯粹，就能对灵魂不断进行洗涤，让自己的生命回归那初生的纯粹。

留一颗好心走到岁月的尽头

让恬淡和充实、美好和感动时刻充盈在心灵深处，就会活得永远健康、年轻。

天高云淡、山青水绿、鸟鸣花香，应该是美好大自然的一种象征。置身于干净、诗意的大自然中，我们的生命才能保持对美丽的敏感，也才能生出对未来幸福的信心。而人的欲望却促使我们不断地向自然索取……

诚然，环保已经是当今世界的热门话题，是构建社会和谐的重要举措，也是社会的潮流所向。在这个物质文明飞速发展的时代，地球正在遭受着前所未有的破坏，我们的生活环境正在日复一日地被污染。

生活在城市的人会感觉得特别明显，曾几何时，蔚蓝的天空已成为难得一见的风景，新鲜的空气已堪称奢侈的享受。水是生命之源，但我们能够喝到的是什么？清洁的水源似乎只有电视广告中才得以一见。我们的生活被钢筋水泥包围着，被喧闹嘈杂包围着，被工业的废气包围着。污染破坏了整个生态环境，孕育过中华文明的黄河已近于枯竭，而长江沿岸的水土流失则使得特大水灾频频发生。面对大自然的惩罚，如果我们还不能开始反省，不能检讨我们的行为，终有一天，这个地球会不再为我们提供安身立命的庇护。而这一切和我们一味强调经济发展是分不开的。

在今天这个社会，利润最大化原则几乎左右了所有人的生活观念。而从更深层的意义上看，它所造成的不仅是那些有形的污染，破坏的也不仅是人类赖以生存的环境，更在不知不觉中逐步侵蚀着我们的心灵。

在我们的心灵深处，是不是已经被那些身外之物遮蔽得没有一丝空间？是不是被无休止的贪欲障住了我们的慧眼？是不是已经在名利酒色的主宰下丧失了自由？如果我们能够进行这样深入的反省，多半会发现，我们的内心正面临着和生态环境同样的危机。人类虽然是万物之灵，然而破坏生态平衡与环境的根本原因却是人类自己。人类为了满足自己的口腹之欲，历年来对动物无所不杀，无所不吃，甚至竭泽而渔、烧山捕兽，完全无视对自然环境造成的破坏。人类自己贪生怕死，却对那些可爱的动物残忍至极。人类只有一个地球，所以保护环境才是我们唯一的选择，否则，就会给子孙后代留下贫瘠而丑陋的家园。

如果说生态保护是今天整个社会的当务之急，那么，心灵环保的提倡也有着同样迫切的需要。只要人类的贪欲不节制，对能源的过度开发就不会停止，对生态环境的肆意破坏也就不会罢休。虽然，这心是不可捉摸的，但它却能影响身体和一切世间的事物。因为正确的人生观和世界观，不仅直接关系到我们的人生幸福，更直接或间接地影响到生态环境的平衡，影响到整个社会的健康发展。

心灵环保不仅是我们个人的需要，也是整个社会的需要。一位从事生态环保的社会学家曾经指出："当我们把目光投向满目疮痍的世界时，我们应当明白，对世界最大的毁坏不是别的，而是我们内心燃烧的欲望。如果我们不把爱财之心变成更多的热爱自然之心，如果我们不把占有的欲望变成对存在的审美，如果我们不把对钱的渴望变成对生命意义更崇高的追求，我们的世界是不会仅仅靠扬汤止沸的环保行为就能被拯救的。"

我们要进行心灵环保，必须对自己的心有基本的认识，了解可能出现的种种心理状态，才能有针对性地弃恶扬善。我们要能够认清其中扰乱我们内心的力量，从而对它们生起警惕，防范它们的进攻，就像防范我们的冤家仇敌。当然，仅仅是防范还是不够的，还要进一步处理它们，铲除它们的根源，只有做到这一点，才能使我们的心从烦恼的束缚中解脱出来，保有清净祥和的状态。

要搞好"心灵的环保"，对每个生命个体来说，必须树立正确的人生观、价值观，始终用法律和道德的规范来约束自己。经常打扫自己的"心灵小屋"，让真、善、美的阳光照射进来，驱除假、恶、丑的阴影。要对生活中的许多事情看淡一点，看开一点，懂得谦让和包容，学会放松和休闲。

让恬淡和充实、美好和感动时刻充盈在心灵深处，就会活得永远健康、年轻。

从这个意义上说，心灵环保也正是生态环保的关键所在。在全社会都在呼吁生态环保的今天，希望有更多的人能够加入到心灵环保的行列中来。因为一个地区，一个国家，乃至整个世界的苦乐，世界的治理与安危，都依心力而造，随心力而转。假使大家都向善、向智、向和平、重道德、守法纪，便会引导我们的行为走向善道，世界就会转成和乐、清净的世界。

做好环保要从我们自己开始。让我们的心中充满着绿意，并开满一园璀璨的花朵；让心灵深处回归自然澄明，给心灵一个无污染的空间；让我们的世界拥有一片纯净的蓝天，为子子孙孙留下美好的乐土。

心与灵山咫尺之遥

不是自己的东西，不要去强求，不该坚持的时候，不要太过执着。

时光如朝露，繁华似流水。红尘的喧嚣迷乱，世事的纷繁芜杂，物欲的恣意横流，人情的冷暖炎凉，让我们步履匆匆，流云遮眼，心浮气躁。不知何时起，我们的心已被蒙上了厚厚的灰尘，失去了最初的光洁柔软。我们总在远方孜孜以求地追逐那不可预知的未来，却忽略了握在手心里的幸福。我们不再用心聆听心灵的弦音，我们不再细细触摸生命的脉动，我们视而不见了那些平凡的悲喜，感动如沙粒般在我们指间悄然滑落。

当时光的沙漠风干了泪水，岁月的霜雪斑驳了心灵，我们便无法情随心动。我们总在抱怨这世间美好的事物越来越少了，蓦然回首，已无迹可寻，只有满目荒凉，满心沧桑。

人活着总会被现实生活中太多的烦恼所束缚，有时候真想逃离红尘的喧嚣去寻觅一片清净无染的灵山净地，然而灵山并不在十万八千里外的西方，它只在我们的三寸心田里。我们并不是要去哪里寻觅那方净土，我们是要渐渐地学会在生活中寻觅属于自己的宁静和快乐。

“你的心态就是你真正的主人，要么你去驾驭生命，要么就是生命驾驭你。你的心态决定谁是坐骑，谁是骑师。”其实很多时候并不是因为事情难我们不敢做，而是因为我们不敢做事情才难的。用心经营我们的心灵世界，这是我们实现生活理想和人生演绎的地方，也许人生会有无数不能达到的风景、无数不能抒发的美好，我们也许不能拥有一个最完美的环境，但我们可以给自己一个最美好的心境。

调整好自己的心态，需要保持一颗平常心。平常心就是一种不以物喜、不以己悲，不为人为因素所左右、不为外部环境所干扰的健康心态，有物外的超脱、有自我的超越、有逆境不惧的果敢、有吃亏不计的善良、有为善不名的自律、有冤屈不辩的容忍等。

在很多事情上我们很难做到保持一颗平常心，浮华的宠辱、利害的得失使我们很容易产生千般思量万般妄想，人生的意义停留在生命的表层，丧失了平常心，迷失了自己，一味贪求，终其一生难解生命的真谛，直到化为一缕青烟，很快就被世人忘记。学会万事随缘，随遇而安，随喜而作，随善而行，才能得大自在，才会有真正的轻松快乐。

人活着不能活得太清醒，要难得糊涂，张弛有度，收放自如，顺其自然，不是自己的东西，不要去强求，不该坚持的时候，不要太过执着。在悠悠岁月中，我们都是匆匆过客，从容走过，无须彷徨、无须犹豫、无须茫然，人活着就应坦然、欣慰地用微笑面对人生的一切如意或不如意。

生命中，总有一些经历让我们感怀，它们时而飞舞在回忆的枝头，时而又如琥珀般凝结成岁月的标签。也许我们这一生会经历许多的艰辛和坎坷，会遭遇不少的磨难和挫折，但是人生并不会因此而黯淡，任何艰难险阻，都只是一场跋涉；任何挫折失败，都只是一次历练。幸与不幸都是人生的财富，拥有一颗美好心灵的人生就是完整的人生。

灵山拈花迦叶一笑，心与灵山咫尺之遥。时光轻轻滑落，脉脉温润心间，让心灵的纯净自由流淌在生命的清音里，如皎月下的露珠，似晨曦中初绽的霞光。让我们用祝福代替诅咒，用包容代替自负，用微笑代替冷漠，用坚强代替懦弱，用谨慎代替浮躁，用感恩代替抱怨，用大爱代替狭隘，用坚定执着的步伐追逐心中的美丽梦想，用心怀万物的旷达笑看人间的风雨沧桑，用无畏的勇气迎接人生的迷茫彷徨。让善良重新闪烁熠熠的光芒，让爱心在血液中涓涓流淌，让快乐在喜悦的眉梢上飞扬，让友谊在醉人的笑容里飘荡，让幸福在美好的心灵里像花儿一样开放。

守候一片安详的天空

唯有保持心平气和的平常心态，才能享受这一片安详的天空。

人生如烟云，世事多变幻。一春一秋，一月一日，一分一秒，不可预测。生命在时光中流逝，可谓物是人非。我们经过一次次对人生风雨的感悟，变得更加深刻，内心更加充实，虽然用之换来的是千疮百孔的心灵，我们却能以此来记录生命流过的痕迹。我们相信，终有一天，沧海过后终是桑田，汹涌波涛终归平静。

生活中会有一些所谓的痛苦，但它同时也充满了很多奇迹，像蓝天、阳光，婴儿无忧无虑的脸和孩子天真无邪的眼神。痛苦不是全部，我们还必须去认识和体验生命中的奇迹，它们就在我们心中，在我们周围的每一个角落、每一分钟里。我们之所以痛苦，不是因为事物无常，而是因为我们错以为事物永恒，是我们不能走出自我。事物本无常，没有了无常，一切都将成为不可能。有了无常，每一扇门才有可能因变化而敞开。

一颗青涩的心生活在浮躁的铅华之中，走过孤独与怅惘的岁月，才发现只有坦然与真诚，才能让我们的灵魂坚强。我们要学会与宽容结伴，与慈悲为伍。以一种宁静的心境，从容地看天空云卷云舒，睹地上花开花落，观世间人聚人散。经历了风风雨雨，走过了坎坎坷坷，为人处世便有了万事随缘的感悟，身上那份张狂少了，那份浮躁淡了，言谈文雅有序，举止从容不迫。

而如今，面对信息时代的潮流涌动，物欲横流的潜在诱惑，如何能做到泰然处之便是一门学问，更是一种智慧。做任何事情都不能心浮气躁、急于求成，要保持一种内敛、平和的心态。

成功是一个日积月累的过程，我们需要工作和生活的激情、热情，更需要一颗泰然处之的心。在不断追求理想的过程中，我们付出了最大的努力，可能事与愿违，可能理想与现实之间会有差距。付出了，结果就不必看得那么重要，重要的是不断地总结、思考、分析和领悟。不能因一时之志而得意忘形，也不能以一时之失而沮丧万分。保持一分安详，成功就在前方。

面对生活的琐碎和纷杂的世事，我们要学会一笑置之。用一种宽容和体谅的心态与之相处，便少了与世纷争，少了彼此的恩怨情仇，增进了彼此的友谊，就会感到身心自在，舒适怡然。

生活中，一个人为维持生存和健康所需要的物质很有限，吃多了过犹不及，睡下了不过五尺之躯，一切奢侈品必然给精神活动带来不便。我们无意抵制红尘中的荣华富贵，也不排除在众生喧哗的年代里每个人有选择自己生活方式的自由，但热闹总归是一种外在的活动，倘若不以精神价值为目标，不管表面多么轰轰烈烈、惊天动地，本质上也是贫乏和空虚的。因而，面对变化万千、五光十色的世俗社会，唯有保持心平气和的平常心态，才能享受这一片安详的天空。

叩问生命的意义，祝福所有的明天

天无绝人之路，老天爷从来都不会让人无路可走，除非我们自己放弃希望。

生命之旅，是坎坷而曲折的历程，是艰辛而沉重的体验。生命是什么？是高尚，是简单，还是脆弱？生命，就是一场与众不同的轮回，生命的真谛在内心的碰撞和亲身的经历中亘古绵长。生命是一条艰险的峡谷，在困境中彰显着它的崇高。一个对生命永不言弃的人，一个懂得珍惜生命、审视生命的人，一定可以参透生命的真理。生命不能承受之重太多太多，给予我们的苦痛也太多太多，可是我们却无法逃避，既然这样，何不保持仰望和乐观的姿态来观望人生？我们一直相信，勇敢而坚强的心，永远是生命的护航。

许久以来，一个对大家来说既陌生又现实、既遥远又真实的社会现象——自杀，不管是在网络还是在现实社会中都引起了大众普遍关注。众所周知，这种现象从古到今，绵延于历史的长河之中就从未断绝。社会文明的高速发展，人类生活效率加快，生活的更加多元，自杀这个与人类生存相互纠缠的幽灵，又普遍出现在人类科学文明的生活当中。更让人不得不发起拷问的是，为何在选择自杀的人群当中，年轻人占据的比重居然居高不下。

“自杀”成为15~34岁人群死亡的首要原因，中国每年自杀死亡人数为28.7万人。在中国，自杀死亡占全部死亡人数的3.6%，占相应人群死亡总数的19%，女性自杀率比男性高25%，农村自杀率高于城市3倍，农村老年人自杀率高于城市老人5倍，以及大学生自杀、青少年自杀等现象屡见不鲜。这让我们不得不思考，自杀现象的背后是什么？

无论是哪种自杀，我们都不敢赞叹他的勇敢，真正的勇敢是用坚强去面对生活中所有的挑战、困难、压力，我们只能说自杀是一种无奈，更是一种无能。

对生命的放弃是一种自私，你放弃的不仅仅是自己的生命，你还放弃了自己对社会、对家庭的责任。

对生命的放弃是一种狭隘，你个人对生活的逃避留下的是亲人肝肠寸断的巨大悲痛。它是一种违反人道的懦弱，每一个生命都值得我们去珍爱并尊重——包括我们自己的生命。我们自己的生命也并不完全属于自己，我们的生命里有多少父母付出的悉心呵护以及朋友、师长、社会的关爱？这个世上没有任何我们放弃生命的理由，无论遇到多大的坎坷和伤痛，我们唯一可以做的就是坚强。

对生命的放弃是一种亵渎生命的愚蠢，有生命才有希望。世上没有吃不完的苦，只要我们自己能够在困境中坚持，就一定会迎来生命的曙光，而放弃生命就放弃了一切，这是最大的愚蠢行为。

对生命的放弃是一种生命天平的失衡，我们不知道你们是伤心，是迷茫，是痛苦，是无奈，还是彷徨？为何你们只记住了生活的打击而忘记了生活中还有许多值得留恋的地方？为何你只看到了绝望却看不到人生还有许多希望？天无绝人之路，老天爷从来都不会让人无路可走，除非我们自己放弃希望。

你们拥有花样的年华，你们拥有健康的体魄，你们是国家的未来，更是父母的殷切希望。自从你们降临世间的那天起，你们的父母，就把所有的希望寄托在你身上，你是他们生命的全部。有了你们，他们心花怒放，而你们怎么能忍心把阴阳相隔两茫茫作为对父母的回报？

当你们“勇敢”地纵身一跃的时候，可曾想过你凛冽的壮举却如一把尖刀刺进了父母的胸膛？当你们义无反顾地用死来作为对生活的反抗时，请扪心自问，一切一切的责任真的都应该由社会来承担吗？你真的就“解脱”了吗？白发苍苍的双亲撕心裂肺的哭声能让你在另一个世界安心吗？他们含辛茹苦地把你养育成人，现在他们已如此年迈，正需要你们的照顾，你们却毅然决然地离去，你们能在黄泉路上走得舒坦吗？

究竟是多大的挫折让你们再也不愿意迎接明天的阳光？究竟是多大的伤害让你们对未来彻底失去了希望？到底受了

多大的委屈让你们再也不想去唤一声爹娘？到底遇到了多大的困难让你们对生活举起了双手投降？

生命是脆弱的，脆弱到一枚刀片、一根细绳、一汪碧水、一次摔掷就可以让它在顷刻间消逝；生命又是坚强的，坚强到自然的灾害、生活的打击、亲人的离去、事业的失败等都不能让它屈服。

生命本身是一种思考，思考生命的意义和生命的价值。走过漫漫人生，生命的意义在于过程，在过程中感悟生命的真谛。生命的价值在于对生命的付出，付出你的爱心，付出你的笑容，付出你的友善，付出你的真诚，付出你在追求理想时的辛勤的汗水。

生命是一种接力。从古到今，生命生生不息，是真善美维系了人生的长河，不息的生命里不灭的是人间的真情和善良，传承的是对生命的忠诚和热爱。

生命是一种勇敢。生活也许会给予我们许多的艰辛和坎坷，但是无论有多少心酸和泪水，我们也要勇敢地面对生命中的每一次花开花谢、每一天的日出日落，生命需要勇敢地担当人生中所有的风风雨雨。

生命是一种幸福。只要来到了这个世界，只要拥有了生命就是幸福。虽然生命里会有许多的无奈，虽然生命总是会经历一些彷徨，但是生命里更多的是美好和精彩。我们曾经在父母的怀抱里撒娇，在师长的关怀下成长；我们曾经在春风荡漾的田野里尽情地奔跑，在花深似海的桃林中放声歌唱；我们曾经年少轻狂，面对大海大声地宣读自己的梦想；

我们曾经意气风发，壮志激昂地大踏步走向未知的前方……岁月的流转带不走生命的芬芳，多少快乐的时光还在记忆的深处闪闪发光，多少梦想还在努力飞向蓝天自由翱翔，生命里拥有那么多的美好，生命是多么的幸福！

生命是一种祝福。无论经过多少苦难，我们都始终应该保持一颗感恩的心。“但愿人长久，千里共婵娟。”把最美的祝福送给亲人，送给朋友，送给家园，送给社会；把最美的祝福送给昨天，送给今天，送给明天；把最美的祝福送给每一个春天，送给每一次花开，送给每一个日出。

亲爱的孩子们，我诚挚地祝福你们的明天会更好，只是你们一定要学会坚强，学不会坚强就注定生命里要与泪水相伴，不要让自己只做一朵温室里的花儿，要学会用坚强去经受人生的风雨迷茫；我默默地祈祷你们生活幸福快乐，只是你们一定要学会乐观积极地看待问题，消极是一个死胡同，最多可以在胡同口稍稍徘徊，但千万不要在这样的胡同里流连不归，那里永远没有你们的幸福；我衷心地盼望你们可以收获一个最美的人生，只是你们一定要学会承担，承担家庭的责任，承担社会的义务，更要承担生命的责任。一定要多为自己的父母亲人考虑，也千万不要把一切责任推给社会，更要明白生命是高贵的，不是可以轻易亵渎的；生命是宝贵的，而不是可以轻言放弃的；生命是勇敢的，而不是懦弱的；生命是阳光的，而不是灰暗的。一个无畏的生命是精彩纷呈的，一个善良的生命是美丽动人的，一个快乐的生命是鲜花般光彩夺目的，一个坚强的生命是青松般坚韧挺拔的。

当又一个朝阳升起时，请和我一起双手合十，面对缤纷的朝霞许下美好的愿望：让我们在未来的日子里用坚毅去展示生命的壮美，用笑容去点缀生命的高贵，用豁达去诠释生命的宽广，让我们祝福所有的明天会更加辉煌！

尊重生命，敬畏生命，感恩生命，珍爱生命。

快乐的生活

生命会因为简单而快乐，因为快乐而幸福。

冬天过去了，春天又来了，我们一天天过着，有喜、有悲、有乐、有痛……无论生活中经历了些什么，我们都不要遗忘了快乐，因为快乐的人才是幸福的。不是没有伤痛，不是没有悲苦，只是一味地品味和展览伤痛不能使之有丝毫的减轻，相反，只会加深自己的痛苦，甚至影响别人的好心情。与其做个沉溺于痛苦的人，不如做个怀揣着快乐的人。快乐从来都不怕复制，快乐从来都可以传递，发自内心、开心的笑容会把自己的快乐感染给别人，一个、两个、三个……十个、百个，像春天的花朵，也许一夜之间，快乐便可以绽放成一树又一树的花开，千朵万朵。

人也像花一样，有一种人能结果，成就一番事业，而有一种人不能结果，一生没有什么建树，只是一个普通人而已。但普通人只要心中有快乐，脸上有欢笑，照样可以像小草和野花一样，得到人们的欣赏和喜爱。做一个快乐的人吧，因为有快乐就有生活的阳光，有快乐就有人生的幸福。

所谓真正的幸福者很少见，也许这种人压根儿就不存在，而心满意足之人则随处可见，一个人的不幸很大程度上缘于他的不满足。一个人的快乐，不是因为他拥有的多，而是因为他计较的少。有时候“多”也是一种负担，是另一种失去，多了许多的追求、许多的计较，就多了许多的难舍、许多的羁绊，同时少了人生的轻松和自在；“少”不是不足，是另一种有余，舍弃也不一定是失去，而是另一种更宽阔的拥有。

我们每个人都在追求着自己的幸福，但是不要执着于那些不切实际的追求，我们终究是普通人，所以还是过普通人的日子、享普通人的快乐为好，真正的幸福在于知道如何享受自己的所有，并能除去自己能力之外的物欲。

没有一个人能完全按照着自己的意愿活着，因为这个世界里有太多的无奈与未知，并且我们都不是这个世界的唯一。所以，有一些幸福，不必争取，不必挽留，就已在身边；也有一些幸福，无论如何争取，如何挽留，也是得不到的。哪一份幸福属于我们，哪一份又不属于，一切都只能坦然地接受，不必强求也不必在意。既然如此，让我们也学着随遇而安吧。然后，我们终会发现，以前的固执，在今天看来不外是别人眼中的一场闹剧。所以，不必为不属于我们的幸福而忧伤。

其实，我们每个人心中都有把“快乐的钥匙”，但我们却常在不知不觉中把它交给别人掌管。许多做妻子的人抱怨道：“我活得很不快乐，因为丈夫经常出差不在家。”她把快乐的钥匙放在丈夫手里；有许多做母亲的人说：“我的孩子不听话，叫我很生气！”她把快乐的钥匙交在孩子手中；许多做婆婆的人说：“我的媳妇不孝顺，我真命苦。”她把快乐的钥匙交到了媳妇的手里。还有人说：“上司不赏识我，这让我很郁闷！”这把快乐的钥匙被塞在上司的手里；有些顾客从商店里出来说：“那位老板服务态度恶劣，让我很不痛快！”这把快乐的钥匙被老板掌管了……

这些人都做了相同的决定，就是让别人来控制他的心情，把快乐的权利交给了别人。一个成熟的人会握住自己快乐的钥匙，他不期待别人使他快乐，反而能将快乐与幸福带给别人。掌握了自己的快乐，才能掌握自己的幸福。

别太在意别人的眼神，也别去揣测别人的想法，更不要去怀疑别人的行为，让自己的思想简单些，再简单些，珍爱每一天的阳光，善待每一个生命，开心过每一天的生活，让心徜徉在诗意的气氛中，生命会因为简单而快乐，因为快乐而幸福。

世界那么大，找好自己的坐标

人应当生活在今天，生活在现实中，生活在当下，不要过多地去懊悔昨天，也不要过多地去指望明天。

茫茫人海，浩渺虚空，我们行走在这个繁杂的人世间。世界这么大，我们该怎么走？去向何方？

如果我们的内心没有任何信仰，就会对未来的归宿感到茫然，没有一个长远的目标，就不知道现在该做些什么。没有明确人生目标的人，就像没有舵的船，在大海里任意漂泊，航向随着风向和洋流的变化而变化，谁也不知道它将驶向何方。它终会在荒芜的沙滩上搁浅，或者在不可测的大海中触礁。所以只有设定了人生目标，我们才能在其引领下驶向终点站。

人生虽有终点，生命却是无涯，生活可以随便，生命却要认真，怎样安排此生，是自己的责任。人生最大的悲哀不是死亡，而是活着的时候不知人生的意义，如同一具行尸走肉。一个人要想取得成功，给自己的人生定位是非常重要的。人总要在尝试中才能发现什么是最适合自己的，什么才是自己能够实现的方向和目标。人生如大海航行，人生规划就是人生的基本航线，有了航线，我们就不会偏离目标，更不会迷失方向。同样，在航行时，如果我们只看到船周围的环境、波浪，看久了就会头晕，我们应该有远见，去瞭望海天之际的那条地平线，才能更加顺利和快速地驶向成功的彼岸。

真正确认自我不是一件易事。有许多人活到老，还不知道或者不能够按照自己内心的愿望活着，自我认识首先要分析自己内心真正的想法和愿望，自己的兴趣爱好是什么，明明白白地找出自己真正想要的、对自己来说有意义和有价值的东西。给自己的人生定位，关键是能找到自己的差异化优势，选择有自己特色的实现途径。成功的道路千万条，找到一条适合自己的道路才是唯一之道，而每个人都有区别于其他人的潜力和特质。

人为什么活着？活着是为什么？这需要我们细心挖掘。生命有何意义？人生的价值是什么？每个人几乎都会思索此亘古难题。当我们无从选择地，或有意无意地走错了人生的单行道时，才会明白，人生终究不是用来“探究”的，活着并精彩地演绎生活，才是唯一的人生。

生活的本质是残酷的，我们都无法改变，即使迷茫也只能自己寻找答案。可是，不管怎样，就算跌倒也要豪迈地笑，人生难免遇到沟沟坎坎，难免遭遇风风雨雨的洗礼，既然已经发生了，我们也无法改变事实，还不如开怀一笑，活一回从容和坦荡。任何痛苦和快乐都是暂时的，轻描淡写就会过去。我们无法改变天气，但我们可以享受心情；我们无法预知未来，但我们可以把握现在。到达一定阶段，该有的终究会有，做好准备，成功就是水到渠成的事。

世界上最珍贵的不是得不到的，也不是已失去的，而是把握住眼前的幸福，失去的东西不一定是你的幸福，它之所以让人留恋，是因为它给人以美好的想象空间，但是生活不是想象，幸福不是想象，它们都是实实在在的点点滴滴。当一切美好的东西被外力轻易摧垮，就说明它本身就不是那么坚固，它的基础不是坚固的混凝土，而是一堆泡沫。所以，我们要时刻把握好我们的人生坐标。

虽然如此，但也不能把自己的人生目标定得太高、太不切实际，生活本来就应该知足常乐，何必苦苦追求自己能力以外的东西呢？也许有追求，有远大的目标是一种生活的动力，但如果超过了自己能力所及的限度，那会让我们活得很累很苦。人生苦短，也许放低目标，我们的人生会更精彩。

我们无法预知未来，当然也无法把握未来，但是，这绝不意味着要放任未来，任其自然发展。人要努力使自己的未来朝着希望的方向行进，并为这种发展做自己该做的事情，至于结果是否如意，不必过多地去考虑，人生看似追求某种结果，实际上人活的是过程，在追求的过程中理解和体会到了什么是人生，所以，过程比结果更为重要。

不要以为明天是久远的事情，昨天的明天就是今天，今天不把该做的事情做好，明天就会有问题。人应当生活在今天，生活在现实中，生活在当下，不要过多地去懊悔昨天，也不要过多地去指望明天。过去已经成为历史，无论如何都已经无法改变，未来充满了不确定性，一切都在变化之中，把今天的事情做好就是对明天负责，把每一个今天该做的事情都做好就是对自己的一生负责。除了自己以外，没有也别指望任何人对我们的一生负责。自己今天所做的一切，无论是好还是坏，是善还是恶，明天都会有结果的。种瓜得瓜，种豆得豆，明天的果是苦、涩、酸、甜，都得自己来品尝。

在人类社会中，在这个多彩多姿却也多灾多难的社会中，人就是因为有了坚定的信念和乐观的精神，才能不断地拼搏着、奋斗着、微笑着，同时也是为了证明自己活着。也许岁月会像风刮走流沙一般，慢慢地什么也不会留下，但至少他有了过程，也有了永恒。千千万万的人都会在这个大自然中留下自己曾经的讯息，让自己沉湎，让后人触摸。世界这么大，只要我们的内心世界丰富多彩，不空虚，找准了人生的目标，并不断地去努力实现它，我们就活在了幸福当中。

第二章

世情篇

眼泪遮盖不了愚蠢

能够帮助别人，给别人带去温暖和快乐，就是幸福富有的人。

曾有人泪眼婆娑地问佛陀：为何我做事总不成功？佛祖答：因为你没有学会给予。那人争辩道：可我一无所有啊。佛祖说：但你至少还有微笑、善言和善行呀，只要肯付出这些，好运就会随之而来的。一个人无论多么贫困潦倒，也都具备鼓励、安慰、称赞、谦让、温柔、诚恳，乃至尽己之力助人的能力。与抱怨相比，这些都可换得温暖的回报。

命运从来都不会对谁有偏见，眼泪从来都遮盖不住愚蠢。如果命运会偏爱某些人，那也一定是偏爱那些即使遭受了磨难困苦也没有心怀怨恨，依然以一颗爱心去对待周遭的世界的人。因为愚蠢，忘记了内心的善良，甚至说过多少伤人的话、做过多少伤人的事，悔恨的泪水如何能挽回曾经的过往？当多少人早已不在眼前时，我们还能为自己的愚蠢买单吗？

有爱的心灵是琉璃般剔透明净的心灵，有爱的世界是彩虹般美丽多姿的世界。能够帮助别人，给别人带去温暖和快乐，就是幸福富有的人。

留一片好心给自己

心若没有栖息之处，到哪里都是在流浪，让善良长住心间，幸福就会伴随我们到永远。

花开花谢，云卷云舒，生活总是这样跌宕起伏。红尘的纷纷扰扰，如虚如幻地充斥在我们身边，影响我们的生活，摇摆我们的心地。心态决定着我们对世界的态度，你所看到的世界反映了你的内心。所以试着让我们的内心世界变得干净、变得清凉，留一片好心给自己，你会发现周围的世界原本是那么美好！

留一片无私给自己。人需要有一颗牺牲自己私利的心，给人以关爱、给人以方便、给人以欢乐、给人以希望，有一分热，发一分光。捧出一颗心来，不带半根草去。素称“陇上桃花源”的舟曲曾经被可怕的泥石流弄得满目疮痍。“千古彷徨事，此物最伤情。”但是中华儿女不会被灾难打垮，这其中种种的事迹都无外乎一个主题——无私，他们的无私让人温暖、让人敬佩，让人感动。无私奉献是人类最纯洁、最崇高的道德品质。她像冰山雪莲，洁白无瑕；她像满山杜鹃，情暖人间。中华民族自古就是文明之邦，有着几千年的文化底蕴，让中华民族的优良传统不断发扬光大，让无私大爱充满人间。

留一片善良给自己。心与心的沟通，爱与爱的传递，本来是生活中稀松平常的举动。可是，有时爱心却变成了奢望，善良也只能可望而不可即。反倒是那些看似毫不起眼的人，在危难时伸出一双手，在别人渴望慰藉时捧出了一颗心。其实，爱是没有界限的，给善良设防的只是冷漠的心。善良的心就是太阳，善良的、忠心的、心里充满着爱的人能不断地给人间带来幸福。勿以善小而不为，勿以恶小而为之。有时候一句鼓励的话，一个微笑的眼神，都能成为别人进步的动力。播种善良，才能收藏希望。一个人可以没有让旁人惊羡的姿态，也可以忍受“缺金少银”的日子，但离开了善良，却足以让人生搁浅和褪色——因为善良是生命的黄金。

多一些善良，多一些谦让，多一些宽容，多一些理解，开启我们隐藏的真心、热心和爱心，让善良成为这个世界的主流。那么，不管我们的口袋多么羞涩，我们的生活多么贫穷，我们的心灵都将无比富裕和充实，一份昂贵的善良将永远是我们骄傲的勋章。持守一份善良，便安居一阙坦然。心若没有栖息之处，到哪里都是在流浪，让善良长住心间，幸福就会伴随我们到永远。

留一片无争给自己。“非淡泊无以明志，非宁静无以致远。”虽然在尘世纷乱的时候，要做到与人无争，于事无求是很不容易的。但是就在现在这个太平盛世里，做到与世无争，仍然是很不容易的。当别人无故骂了你，或者因为什么原因误会了你，或者大家都有的东西唯独少了你的，或者有人做事不顺汝意，再或者有人打了你……如此等等你能做到一笑了之吗？即便是不能，也要有“春水船如天上坐，老年花似雾中看”的洒脱，就像萧瑟冷肃的秋季，虽然如此，但秋天也是收获的季节。不要为了无谓的事去争斗，那样只是徒然耗费心力，于人于己都划不来的。

人的一生总会得到些什么，失去些什么；遇上某些人，送别某些人。希望永远是美丽的，现实依旧是那么的残酷，错了就要承担，没有必要再去斤斤计较谁对谁错，谁是谁非，紫罗兰把它的香气留在那踩扁了它的脚踝上，这就是宽恕。“有缘相逢共一笑，从此再不论古人”，常怀一颗感恩的心面对所有人。

“世界光如水月，身心皎若琉璃；但见冰消涧底，不知春上花枝。”人生在世，恍惚间岁月消逝，在无涯的岁月里，我们只能拥有一段有涯的时光，在这有限的时光里，何不让我们的生命过得轻松而洒脱，充实而有意义？多给自己的心灵里灌注一些美好的情愫，让包容之心、感恩之意和友善的思想、诚信的行为，以及见贤思齐、忍让谦虚的情操等等成为我们人生的主题，我们心灵的莽原一旦照进这些真善美的阳光，那一片宁静祥和的庄严美丽会让世界感动。

好话一句，好心一片

好心，好话，笑脸，会给这个世界带来温暖，会给心灵带来纯净。

好话不一定动听，动听的不一定是好话。对的话未必是好话——说得让人舒服，让人开心，让人不生烦恼，能让人积极乐观地面对生活的话就是好话。父母师长的教诲也许很严厉，言辞间也许不那么动听，但这毫无疑问是为了自己成长的好话；真正的朋友之间，当我们误入歧途时，朋友善意的规劝，也许婉转，也许严厉，无论何种，我们也不能怀疑这是一种好话。如果说出的话有些“狠”，但是能帮助对方改正错误，只要是一片真诚的爱护之心，狠话也是好话，只是这样的好话需要一种智慧去圆融，需要善巧方便。

好话不一定是实话，实话不一定是好话。有时候，说完伤人的话后还拍着胸脯，理直气壮地说自己是一片好心，是“刀子嘴，豆腐心”。可实际上，只要是一片好心，伤人的话一句也不会出口。如果实话是一种伤害，请选择谎言；如果谎言是一种伤害，请选择沉默。说好话，不仅仅是一种语言技巧，它体现的是一个人的宽容、大度和无私。言语间，不要那么刻薄，不要吝啬我们的笑脸，多说好话，多说祝福的话，多说让人开心的话。好心，好话，笑脸，会给这个世界带来温暖，会给心灵带来纯净。

“良言一句三冬暖，恶语伤人六月寒。”如果心中有谄媚，多么动听的话也请不要说出口，因为那污染的是自己的心田；如果心中有恨意，哪怕只是一丁点的难听话，也请不要说出去，因为不仅伤害他人，还会折磨自己。心“太高”就看不到别人的好，心中有嫉妒，就容不下别人的好。那些连一字一句的好话也不情愿说出口的，不想送出自己的肯定、赞美、问候、祝福的心灵，已近冷漠。好话，不需费多大的力气，只需轻轻地用舌尖真诚地把好话送出，你会发现，你送出了好话，收获的会是珍贵的友情，你的话不仅温暖他人，更温暖了自己差一点就走向冷漠的心灵，你会收获一个心灵的春暖花开。

祝福是一种沉默

如果祝福是一种沉默，让我们选择永远。

有时候，很多人总以为自己的祝福如果不说出来，别人就不知道，其实只要是内心怀着一份真诚的祝福，别人是能感受到的。事实上，默默的祝福更体现了友谊的纯洁。

道一声“祝你幸福”，别人未必就能幸福；道一声“祝你健康”，别人未必就能健康；道一声“祝你成功”，别人未必就能成功。但祝福永远是美好的，它代表着我们美好的祝愿，它诠释着我们美丽的心灵，表达着我们内心的无限爱意。假如没有祝福，多彩的节日将会变得多么黯淡、冷清。祝福有时并不能改变现实中的什么，但总可以令这个世界变得更温馨。给别人一份祝福，便等于给别人一个希望，生活是离不开祝福的。有时候，创造奇迹的不是巨人，也许只是一句普通的话语。而一句鼓励的话语，就是给对方一个免费却珍贵的礼物，它在我们的生命里微不足道，对别人却往往重如千钧。

有时候，祝福不一定要说出口，在滚滚红尘中，我们可能相识，可能相知，那就为我们的相识而欢呼，为我们的相知而歌唱，为那些坚韧的执着书写篇章。希望月亮能带上我默默的祝福，给陌生的、熟悉的你，希望你快乐如太阳，总是那么明媚和煦。希望太阳能带去我默默的祝福，捎去温暖，带去爱意，愿这份祝福温暖整个人间，愿这份祝福让世界充满爱意。

默默地祝福，默默地祈祷，希望这开心的雨露能布洒到每个人的心田。默默的祝福更彰显爱的伟大、爱的无穷，默默的祝福更能弥久常新，如晶莹剔透的心，那样璀璨，散发着无限的光辉。

如果祝福是一种沉默，让我们选择永远。无声的思念、无声的牵挂、无声的期盼、无声的关怀、无声的喜悦，化作无声的祝福，如是春秋，如是心情，愿天下安宁。

冷漠的脸最可怕

冷漠会使我们孤独无助，冷漠会消磨我们的爱心，冷漠会使我们远离大众，而事实是，若离开大众我们将一事无成。

时光的车轮滚滚向前，历史的河流大浪淘沙，悲欢离合的人生总有酸甜苦辣。尽管如此，我们也没有理由玩世不恭或者愤世嫉俗，因为无论怎样，我们都不能改变既有的事实，我们唯一能改变的是我们的心态。一脸的沮丧，一脸的哀愁，一脸的冷漠，只能使自己变得更加丑陋，若拥有一种阳光的心态，我们的脸上就会洋溢灿烂的笑容，我们的生活也会因此精彩纷呈。

然而，很多时候，冷漠的寒流好像一下子就冻结了人群中那几朵璨笑如花的面孔，冷漠的飓风吹枯了大街上那如织如蚁的人们心头的爱心小荷。他们似乎把冷漠当作一种看破红尘的清高、一种“世人皆醉我独醒”的顿悟、一种时髦无忌的大度和潇洒。但仔细回想一下，生命中那些温暖如春、激情似火的日子，才是生命长河里最能拨动人心弦的浪花涛声，才是历史苍宇中最熠光灼人的灿烂星子。

人们有时之所以会冷漠，是因为内心深处有太多的自私与狭隘，容不下这个社会出现丝毫的纰漏，容不下朋友或者亲人的所谓背叛，它让自己变得越来越孤独，越来越冷漠，也让自己与大家变得越来越疏远。要知道，再漂亮、再美丽的脸，如果没有了笑容，也就没有了感情的变化，变得冷漠无情、阴沉灰暗，有时还会给人一种狰狞可怖的感觉。

生活需要开心，需要快乐。冷漠会使我们孤独无助，冷漠会消磨我们的爱心，冷漠会使我们远离大众，而事实是，若离开大众我们将一事无成。就让我们远离冷漠的阴影，用一片爱心去生活，让我们的内心世界变成一条潺潺作响的爱溪暖流，去温暖自己，也温暖这个世界。

让风带走我们的忧郁，让雨洗掉我们的烦恼，让阳光带给我们温暖，让月亮带给我们温馨。就让我们豁达一些，包容一些，率真一些吧。远离了冷漠，也就远离了虚假的矫情和伪意，远离了冷漠这薄薄的雾纱，我们就会惊喜地发现，真情的阳光永远照耀在我们身边。

爱的荒漠最悲哀

爱是无私的奉献与给予，有爱的人有朋友，博爱的人朋友多。

宇宙万物，千差万别，唯有爱是连接彼此的心灵桥梁，任何生物都能读懂爱的信息。爱能令顽石感动，令邪恶遁形，让世界变得美丽和谐。爱，能让一个人从罪恶的深渊中走出；爱，能让一颗受伤的心变得温暖；爱，也能让一个人懂得帮助他人的幸福。不要让我们成为缺失爱的人，那样我们会变得自私、冷漠、不近人情、越来越孤僻；也不要让心灵成为爱的荒漠，让爱的花朵在心灵凋落。

爱是无私的奉献与给予，有爱的人有朋友，博爱的人朋友多。爱是与生俱来的，爱是作为人必须具备的本质之一。没有爱的人是吝啬的、自私的，这样的生命是苍白而空虚的。缺乏爱的人不懂得关心他人、帮助他人，不明白给予和奉献的意义。

也许我们感受过人情的冷暖，经历过世态的炎凉，但是，千万别因为生命中的风雨和沧桑就走进爱的荒漠，让心灵愈来愈苍凉。正是因为经历了艰辛与坎坷，才懂得爱的珍贵、爱的力量。相信人性中的善良，相信善良是生命的脊梁，相信爱是战胜一切困难的力量，相信生命因为爱而坚强、因为爱而宽广、因为爱而芬芳。

四海之内皆兄弟

我们发现，原来世界上根本没有所谓的敌人，只要用宽容、用真诚、用爱心去走我们的人生之路，我们就会四海之内兄弟无数。

孤月独明，不如众星朗朗；虎啸一声，不如百鸟唧唧。太阳的仁厚，是把光明与月亮分享；月亮的睿智，是将余晖与星星共有。在这个世界上，人不可以没有父母，同样也不可以没有朋友。没有朋友的生活犹如一杯没有加糖的咖啡，苦涩难咽，还有一点淡淡的愁。与其独自品味寂寞，承受苦闷，不如敞开我们的心扉，把所有的苦与乐、悲与喜都和朋友们分享，伸出手，和朋友们相扶相携，共同循着梦想，一路欢歌，一路奔跑。

朋友是我们站在窗前欣赏冬日飘零的雪花时手中捧着的一杯热茶；朋友是我们走在夏日大雨滂沱中时手里撑着的一把雨伞；朋友是春日来临时吹开我们心中一冬郁闷的那一丝

春风；朋友是收获季节里我们陶醉在秋日私语中的那杯美酒。

朋乃两弯朗月，彼此明朗方可为友。友谊是温馨的，但需要用真诚呵护。许诺可分为两种：一种如清茶，倒一杯是一杯；一种如啤酒，刚倒半杯，便已泡沫翻腾。朋友间还是多饮清茶，少喝啤酒为好，承诺时留一点余地，兑现时多一点给予。

若要有优美的嘴唇，就要讲亲切的话；若要有可爱的眼睛，就要看到别人的长处；若要有苗条的身材，就要把食物分给饥饿的人；若要有优美的姿态，就要记住走路时行人不只你一人。如果我们付出了自己的时间、精力、爱心，同时也会收获真诚和友谊。我们的失败，往往在于不懂得关爱帮助别人。对别人越不感兴趣的人，伤害人越深，他一生中的困难也最多，人类的失败大都由于这种人。

你希望别人如何待你，你就应如何待人。谁都愿意得到别人的关注和重视，当你这样对待身边的每一个人时，你就是一个不同凡响的人了。想要得到真正的朋友，就一定要有不计得失的心态。世上没谁喜欢爱占便宜的朋友，而一个甘心吃亏的人，最终会赢得别人的钦佩和尊重。因此要学会吃亏，不吃亏的人将错过机会，错过朋友，错过爱，乃至错过一切。

有些误解，不谈是个结，谈开了是个疤，唯求内心坦然。不宽恕和原谅他人，首先是苦了自己。永远宽恕他人，不论他有多坏，甚至伤害过你。以宽容代替仇恨是处世的大智慧，是一种生活艺术，是看透社会人生后获得的那份从容、自信和超然，是精神的成熟、心灵的丰盈，也是大家风范的标志。总有一杯酒，未饮人先醉；总有一句话，欲语泪先流。当你很老时也许会发现，眼下的隐忍和宽恕无比睿智。

对什么都看不顺眼的人，疲劳的一定不仅仅是眼睛。不要总用挑剔的眼光看人，更不要总是批评或责备别人，认为只有自己是对的，其实不是别人毛病太多，是我们心胸太小；不是别人优点少，是我们自己缺点多。生活中，我们应尽量理解体谅对方，这比责骂要有益得多。那些私下提出忠告和指出错误的人，才是真正深谙交往之道的朋友。

在那些淡去的岁月里，一路走，一路思，一路愁，一路泪，且行且悟且珍惜着，蹉跎的岁月里不褪色的华彩印记，灌着生命的盐。岁月铭记了生命的沉重，让我们从中学会了宽容和释怀，学会了豁达和从容，学会了舍取。让我们感到生命的天空不再灰暗，而是充满了斑斓的色彩。

虽然在人生之路中，我们不断地来来去去、聚聚散散，也许是擦肩而过，也许是匆匆来去，也许是相伴多年；也许有的散落在天涯，早已被存放在记忆的深处；也许有的朝夕相见，与我们在人生旅途中一路走来，穿越岁月的沧桑，把一份永不忘怀的牵挂和祝福送给所有在我们生命里走过的朋友们，把这份最真挚的祝福镌刻成我们人生中最美丽的回忆。

千帆眼底过，四海皆兄弟。在我们的生命里，让所有的争议都全部化解，所有的烦恼都全部消失，所有的对立全部颠覆崩塌，所有的爱恨都全部付之一笑。爱生活，关爱所有的生命；爱人生，关照所有的一切。我们发现，原来世界上根本没有所谓的敌人，只要用宽容、用真诚、用爱心去走我们的人生之路，我们就会四海之内兄弟无数。

爱朦胧，恨朦胧，笑看人生烟水重重

爱恨只不过是朦胧的水中月，镜中花，一切都是泡影，本不真实。

行走在世间，见惯了太多山盟海誓的颠覆，听惯了太多睚眦必报的纠葛，成日里碌碌劳形。或沾沾自喜，或欲罢不能。就像灯下水碗中的飞蛾，任凭你怎么挣扎，最终都是水中的牺牲者，原因只有一个——飞行的方向太过于迷茫。于是，便常常自问，生命中到底什么是真实？有什么值得追逐到底？

渐渐发现，生命太累，只因为生命的爱恨取舍太多，多得成了负荷。自己的负荷，也是别人的负荷。诚如，我们常常把爱放在嘴上，亲情、爱情、友情，但是这个“爱”却是和“取”联系在一起的，这个爱付出的时候总希望有回报，一旦无法如愿就会痛不欲生，甚至生出刻骨铭心的恨。所以一代又一代人感叹着“良辰美景奈何天”，感叹着“人生长恨水长东”。而我们在走过大段生命的旅程，感叹聚散无常时，往往又有意无意地结怨很多，工作、生活、交往乃至婚恋。之所以结怨，更多的是我们过分地执着于自己的判断，少了一份宽容，少了一点大度，多了自私和狭隘。

爱与恨，是一个古老的话题，可是千百年来又有几人能够说得清？爱里含着恨，恨中又有爱，爱恨交织，爱与恨是一对冤家。没有绝对的爱与恨，也没有无缘由的爱与恨。爱在前边，恨随其后。爱出现在花前月下，恨出现在刀光剑影下。当恨对抓不到手的爱而咬牙切齿的时候，正是恨和爱走得最近的时候。

爱充满着温暖与柔和的气息，是一种温柔的力量——爱的力量在于它甘愿为另一颗心而燃烧。恨充溢着冷漠和寒冷的气息，是一种坚硬的力量——恨的力量在于它为点不着另一颗心而自燃。

当爱超过了极限走到了反面就会变成恨，是爱火太盛以至烧烤变了形而成为恨。在情感世界里，爱一旦想占有，就会生出恨，恨是想要的不能抓在手里。恨来自占有欲，占有欲促使人们幻想着把自己的所爱牢牢抓住。所以，恨总是跟在爱的后面爬行。

恨有诸多不美，恨会使人变丑，丑就丑在恨里有私；恨使人感到痛苦，那痛苦写在索取里；恨使人变得卑下，卑下来自只想满足私欲。与恨相反，爱是美好的。当爱意无限扩大到大爱无疆时，爱会使人变美，美就美在爱里无私；爱使人感到幸福，那幸福写在给予里；爱使人变得高尚，高尚来自勇于为爱牺牲。

其实，如果我们静下来仔细认真想想，便不难发现，爱也好，恨也罢，只不过是世间缘聚缘散的变化，生命的轮回中没有什么能留下。太多的计较执着，失去的只能是自己那份纯真和豁达，增加的只能是劳累和疲惫，得到的只能是烦恼和困惑。“行到水穷处，坐看云起时”，每个人在生命的最后，获得的只是一种心境的高下。虽不必要隐居林泉，却可以保留一份天真，随顺自然，适应社会。对于生活，不执着于拿起放下，以平和淡然的心态，去面对、去解决，才能够在这个快节奏的时代里活得更加从容、更加坦然。

人生如梦，世事无常。一切都在变化当中，不能找到内心的宁静，爱恨都是隔雾看花的朦胧，并不真实。而找到内心的归宿时，再去看人生爱恨时就会发现，爱恨只不过是朦胧的水中月，镜中花，一切都是泡影，本不真实。只有把心打开，用一种豁达、从容、包容的心态，就会笑着面对这如幻的人生。

幸福地活着

若能像棵小草，拥有它淡然安分、倔强坚韧的心境，像它一样春绿秋黄，岁枯岁荣，也是一种幸福。

活着，不必奢望会像白杨那样俊逸挺拔，或像松柏那样岁岁长青；也不必奢望开得繁花朵朵，或是结出硕果累累。若能像棵小草，拥有它淡然安分、倔强坚韧的心境，像它一样春绿秋黄，岁枯岁荣，也是一种幸福。

生活无须奢望，与其奢望拥有一张动人的容颜，不如努力拥有一颗美好的心灵；与其奢望成就一番惊天动地的事业，不如带着一片爱心去走过生命的平凡岁月；与其奢望获得一马平川的人生，不如期待在风雨中炼就无畏的坚强。

财富，地位，荣誉，名声，权力，这些都未必是人生真正的财富，如果能拥有一颗善良的心，一颗纯净的心，那么，哪怕只是一株碧叶青青的无名小草，蓬勃灵动地迎风而舞，那么我们就已经拥有了一个最美丽的生命。

笑谈生，直面死

只要有笑看人生的胸怀，成功或失败、温暖或冷漠、悲与喜、得与失，都是人生旅途中的收获。

人生在世不容易，自出生时起，悲喜就交织在一起。既然难得来到这个流光溢彩的世界，就应当笑看人生，从容归去。

一个人一路乘着顺风车却突然遭遇风雨的不请自来，可想而知，心情会有多大的落差，但是天有不测风云，人有旦夕祸福，假若经历一点坎坷就漫无目的地怨天尤人，只能成为航行时没有指南针的船。要记得，天生我材必有用。遇到困难的时候，要有兵来将挡，水来土掩的精神，因为生命很短暂，放弃了今天，明天就不一定再给你机会了。

活着，本身就是一种幸运。应当感谢上苍给了我们在这个精彩的世界上精彩生活的机会，不要让宝贵的光阴在自己手中悄悄地流走，认真对待生活的点点滴滴，无论生活给予什么，都欣然接受。只要有笑看人生的胸怀，成功或失败、温暖或冷漠、悲与喜、得与失，都是人生旅途中的收获。

生活中凡事放宽心，纵然天塌下，冥冥中自有安排。努力地走到人生的终点，也可以无愧于天地，笑谈生，直面死，从容来去。

宽容处世，雅量容人

如果说谦让是美德，那容人同样是美德。

人生百年，匆匆一回。谁主沉浮，本无所谓。德厚流芳，精神千秋。走一回人生，不要希求改变什么，佛教徒留给这个世界的不会是诅咒，不会是怨恨，不会是烦恼。佛教徒留给这个世界的只有慈悲、欢喜、祝福和平安。

“敬人者人恒敬之。”可见社会必须互相合作尊重才能进步。从做事来讲，个人力量是有限的，“众人拾柴火焰高”“合则两利，分则两害”，人们必须互相合作才有更大力量。假如一个人整天板着冰冷的面孔自命清高，那谁愿意和他精诚合作创造事业呢？这种人只能在离群而居、孤立无援的情况下度过寂寞的一生，而人间的温暖也会由于冷漠而减少。

一个人要想创造一番事业，就必须有恢宏的气度，能容天下的人才能为天下人所容，所以凡是一个成就大事业的人一定要有容忍人的度量，容忍小人虽然在实际上很难做到，但为了事业上的成功，为了照顾大局，就必须有“宽容处世，雅量容人”的胸襟。如果说谦让是美德，那容人同样是美德。

一路微笑

微笑着的我们，要用微笑的力量，去关照周围，去感化周围，去影响周围，去庄严这一方国土，直到每一个人的脸上都挂起一片不落的灿烂笑容。

我们生活在这奇妙的空间，宇宙万物无时无刻不在感染着我们，激励着我们，然而由于生活的忙碌，我们未曾感受到自然的神奇魅力。如果有时间，不妨走出去看一看，你的眼前会突然一亮，原来万物山河是那样的美妙；如果有心情，不妨去品味一下，原来春花秋月中蕴含了那么多的人生哲理；如果有兴趣，不妨去聆听一下，原来，自然中的万籁之音是那样的和谐；如果你有雅致，不妨用心去触摸，原来，大自然的一切都在净化着我们的心灵……

你看那虬盘于绝壁之上的古松，虽已老态龙钟，但依然精神矍铄，呈现出一种信心满怀、永不屈服的精神；你看那高山飞瀑，飞流直下，一泻千里，如万马奔腾，气势磅礴；

你看那广袤的草原，绿草如茵，雄鹰展翅，牛羊成群，牧歌缭绕，到处洋溢着生命的活力；你看那海天苍茫，惊涛骇浪，百舸争流，尽显英雄本色；你看那茫茫戈壁，黄沙万里，清脆的驼铃传递着古老的文明；你看那夕阳斜照，渔舟唱晚，漫江流淌着幸福；你看那晴空万里，浮云飘荡，如此的悠闲。即使在夜晚，那“星垂平野阔，月涌大江流”的景象，也会带给你一种宽广的胸怀，那“江流有声，断岸千尺；山高月小，水落石出”的月夜江山也会让你顿感日月江山的瞬息万变，那“明月松间照，清泉石上流”的恬静会让你融入清幽明净的境界之中。

走进自然，让那灿烂的阳光照亮我们前进的旅程，让那清澈的山泉洗去心灵的污垢，让那甘甜的雨露滋润我们的生活，让那绚丽的云霞编织我们的梦想，让那天籁为我们美好的未来祈祷！

春去秋来，花开花谢，茫茫尘世中的你我虽渺渺如天上一朵白云，却一样拥有自己独特的个性和崭新的自我。生命本身就是一种美丽。

人生的道路并不是一帆风顺的，要经历成功与失败，欢乐与痛苦。然而我们应该坚信这样一句名言：困难是强者的进步之阶，弱者的不测之渊。只有在磨炼中不懈追求的人，才会获得成功的欢乐；只有历经艰险的生活的人，才会体验到生活的美好；只有爬到山顶的人，才会感觉到“一览众山小”的情怀。

人生的痛苦与欢乐无非都是我们成长过程中的环节，皆由我们亲身去领略和体验。有些人在挫折面前总保持乐观向上的精神，用坚强的心去面对，一切落得一世逍遥。而有的人在面对困难和失败时选择了逃避，而这不但不能解决问题，反而使自己变成了一个弱者，一个不敢面对困难的懦夫，一生唯唯诺诺，困顿不堪，丧失了自我。只有坦然地面对，勇敢地面对才能微笑着走这一回人生。如果我们总是学着别人的活法，我们将一无所有。我们应该大胆地做自己，用有限的时间去做无限的事情，让有限的生命焕发出无限的光彩。我们有奋斗的权利，还有通过奋斗实现自己人生价值的机会，进而能够充实自己，展示自己，完善自己。

生命赋予我们美丽，我们应展示青春的自我。挥洒热情，谱写生命之歌。让我们用心聆听圣洁的天籁，永葆一个清澈净透的灵魂，始终微笑着善待生命，享受生命，珍惜生命，超越生命，在岁月的风霜雪雨中轻松安然地走完一世的红尘。

微笑着，去唱生活的歌谣。不要抱怨生活给予了太多的磨难，不必抱怨生命中有太多的曲折。大海如果失去了巨浪的翻滚，就会失去雄浑，沙漠如果失去了飞沙的狂舞，就会失去壮观，人生如果仅去求得两点一线的一帆风顺，生命也就失去了存在的魅力。

微笑着，去唱生活的歌谣。把每一次的失败都归结为一次尝试，不去自卑；把每一次的成功都想象成一种幸运，不去自傲。就这样，微笑着弹奏从容的弦乐，去面对挫折，去接受幸福，去品味孤独，去战胜忧伤。

微笑着，去唱生活的歌谣。去把“人”字写直写大，活出一种尊严，活出一种力量，不向金钱献媚，不向权势卑躬。清贫，是一首朴素的歌。平凡，是一行亮丽的诗。微笑着，我们去唱去吟，在平静中看红尘飞舞，在孤寂中品世事沉浮。

微笑着，去唱生活的歌谣，把尘封的心胸敞开，让狭隘自私淡去。把自由的心灵放飞，让豁达宽容回归。这样，一个豁然开朗的世界就会在你我的眼前打开：蓝天，白云，小桥，流水……潇洒快活地一路过去，鲜花的芳香就会在你的鼻边醉人地萦绕，华丽的彩蝶就会在你身边曼妙地起舞。

微笑着，去唱生活的歌谣。眼泪，要为别人的悲伤而流；仁慈，要为善良的心灵而发；同情，要给予不幸的朋友；关怀，温暖鳏寡孤独的凄凉。微笑着的我们，要用微笑的力量，去关照周围，去感化周围，去影响周围，去庄严这一方国土，直到每一个人的脸上都挂起一片不落的灿烂笑容。

感谢天地

知福才能感知幸福，惜福方能留住幸福。

人生如流星般转眼即逝，留下划破天际的美丽的同时，也让人感喟人生何其短暂。人的生命就如蒲公英的种子，从降生到人世间，就不断享受着雨露的滋润，日月的精华。虽最后沉归于尘土，但仍要感谢苍生，感谢天地，它让我们有了生命，让我们拥有幸福。

曾经以为，幸福存在于人们金钱与权利的游戏中。拥有美丽堂皇的洋楼别墅，出门私家车代步，又或者功成利就，披金戴银，职业场上一人之下，万人之上，别人羡慕的目光，向往的眼神……回头细想，现实世界中能达到这个条件的有多少人？难道其他人就没有感受过幸福吗？世人为了寻找幸福，不惜走遍千山万水，却从未想过，幸福远在天边，近在眼前。

曾经有这样一项有趣的调查：世界上什么人最幸福？在上万个答案中，有四个令人印象深刻：吹着口哨欣赏自己刚完成的作品的艺术家，给婴儿洗澡的母亲，正在沙地上堆城堡的孩子，劳累了几小时终于救活了一个病人的大夫。幸福就是如此，只要用心感受，平凡却并不简单。

人生路上，来去匆匆。何不暂且停下脚步，或许在这稍息的驿站就能发现幸福的身影……

歌德说：“人之幸福，完全在于心之幸福。”人在世上，不单是为了拥有幸福，更重要的是有一腔感恩的热情，一颗感恩的心。妈妈精心为自己准备的饭菜、一声真切的赞叹、一个亲昵的吻……幸福就在这点滴间。

思想改变你对环境的感觉。摒弃不满的情绪，用心感受现在的生活，聆听万物的声音，你会发现你已经是一个满足的感恩者。

这里我再给大家讲几则故事，有一个诗人，才华横溢且家境富裕，妻子美丽温柔，儿子聪明伶俐，但他怎么也感觉不到快乐。他请上帝帮他找回幸福，上帝先夺去了他的财产，再带走他的妻儿，最后拿走了他的才华。诗人痛不欲生。过了一个月，上帝把这些又重新还给了他，诗人搂着妻儿，长久地跪在上帝脚下，深深地致谢，感谢上帝赐予他幸福。

另一则关于穷人的故事有些异曲同工。穷人家房子很小，四世同堂，异常拥挤。他请求上帝帮他摆脱这种困境。上帝说你把鸡和鸭也关进屋子里，和你们一起住，一周后来找我。一周后，穷人备受折磨，苦不堪言，再次请求上帝帮他。上帝说你把牛和羊也关进屋子里，和你们一起住，一周后再来找我。又过了一周，穷人痛苦难耐，度日如年，再次恳请上帝帮他。上帝说把那些动物都赶走吧，恢复原状，一周后再来找我。一周后，穷人跪在上帝脚下，深深地致谢，感谢上帝赐予他幸福，让他尝到了久违的快乐。

其实上帝并没有多给他们任何东西，只是给了他们一份失而复得的感觉而已，他们便从中体会到拥有的满足，从而开始珍惜现状。正所谓不识庐山真面目，只缘身在此山中。上帝做的唯一的一件事，就是帮助他们跳开来看待自己的现状。

很多时候，当我们为找不到幸福而苦恼时，并非是幸福真的远离了我们，变得遥不可及，而是我们自己迷失了方向，缘木求鱼。由于我们自身变得麻木，以至于对幸福熟视无睹，而幸福始终默默地跟随着我们。有一天，我们蓦然回首，会发现幸福正在拐角处对我们微笑，静静地等候着和我们一起回家，刹那间我们止不住热泪盈眶，感动万分，在心里祈祷：生活真美，感谢天地，让我拥有这一切。

聪明人未必幸福，但智慧的人会看到幸福；灵巧者未必幸福，但豁达的人会找到幸福。幸福与智慧、豁达始终相伴。

在这个世界上，你未必是最幸福的，但你肯定不是最不幸的。幸福像花儿一样，每朵花儿都会绽放，你的、我的、他的；每朵花儿也都会凋谢，你的、我的、他的。你不可能一直处于幸福之中，但你总该体验过什么是幸福。上苍让我们变成一朵朵花儿，我们能做的只是不停地延长自己的花期、不断地增加自己的花季而已。每一个花季都有其独特的美，无所谓谁更优更劣。

人生不正是如此吗？每个阶段都有值得珍惜和回味之处，我们可以欣赏童年的纯真、少年的热情、青年的自信、中年的沉稳、老年的从容，而不必挑剔甚至怪罪年幼的无知、年少的鲁莽、年青的轻狂、年长的世故、年老的迟钝。

简单就是美，幸福其实很简单，尽情享受拥有的一切就可以了。得不到的未必就是最好的，拥有的才是弥足珍贵的，知福、惜福才会感知幸福。

有钱人未必幸福，但知道自己富足的人可以体会幸福；没钱人未必不幸福，但珍惜自己已拥有的人同样可以感悟幸福。幸福和金钱未必成正比，但也未必水火不容。

幸福到底掌握在谁的手中呢？就像我们常问命运到底掌握在谁的手中一样。我一直很赞同这句话："命运的一半在自己手中，一半在上苍手中。"前半句表达了主观上的努力拼搏，代表了人类至高无上的自强不息；后半句表达了客观上的自我认知，代表了人类难能可贵的自知之明。

当我们身处逆境时，要始终勉励自己："天将降大任于斯人也，必先苦其心志，劳其筋骨，饿其体肤，空乏其身，行拂乱其所为，所以动心忍性，增益其所不能。"要始终相信，还有一半的命运在自己手中，不可随波逐流、自暴自弃。只要自己不倒下，没有人能够打垮你。

当我们身处顺境时，更要保持清醒的头脑。我们之所以成功，一半是能力，一半是机会。当机会均等时，能力无疑会占上风；但当能力处于同一层面时，就要看命运女神的垂青了。很多暂时没有成功的人并非输在能力，只是缺乏机会而已。成功时要多想想，此刻正有很多能力远胜于我们的人，正默默地守候在角落里或苦苦争取着机会的来临，就像成功前的我们一样虎视眈眈、严阵以待。你还敢停下来歇歇脚吗？只怕再无起身的机会了，无意间已将瞬间变成了永恒，将休息变成了安息，一失足成千古恨。这个时代什么都有可能发生，胜者为王，但很少有人能一辈子称王，因为想成功的人太多太多，稍有疏忽，便被拉下了马，想要再翻身谈何容易。因此，要始终记得，那一半的命运在上天手中，不可掉以轻心、得意忘形，唯有努力努力再努力。

幸福到底掌握在谁的手中呢？我以为，幸福和命运不同，命运似乎是一种客观存在，而幸福就是一种自我感觉，一种比较——和自己做纵向比较，和他人做横向比较。而你总能发现令自己垂头丧气的不足之处，也总会找出让自己欣喜若狂的熠熠亮点。

千里马常有，而伯乐不常有，不是我们的生活中缺少美，而是我们缺少一双发现美的眼睛。

那就感谢上苍的惠顾，感谢天地的养育，做一个慧眼识幸福的人吧！知福才能感知幸福，惜福方能留住幸福。

相逢一笑

微微一笑，会使我们的生活更加富有，开心的笑容会令我们的生活更加丰富多彩。

百年随手过，万事转头空。岁月悠悠，时光如梭。我们已记不清邂逅过多少生命中的过客，也早已模糊了曾经在我们身边发生的历历往事，更不能预知将来会发生什么事情。走过了风风雨雨，经历了坎坎坷坷，哪怕曾经是刻骨铭心，也经不住岁月的冲刷，回头再看，不过是过眼的云烟。

无论是开心的还是悲伤的，是喜悦的还是愁苦的，我们应该感激过去的一切，因此，所有的经历都是财富，是酸甜苦辣、悲欢离合共同组成了我们精彩而丰富的一生。因此，我们没有必要用一脸的沮丧和愁容去面对生活当中的一切，相逢一笑，温暖了他人，美丽了自己，也装点了这个世界。

相逢一笑是一种礼貌。生活中，我们会遇到各种各样的人，有的缘分好一些，我们见了会感到很亲切，微微一笑，会加深彼此间的友谊；有些人缘分可能不是很好，虽不致见面如仇敌，但也不愿意多看一眼，可是倘若相逢时愿意给对方一个很自然的微笑，可能就会摒弃前嫌，消除隔阂，化敌为友；与一个似曾相识的人不期而遇，不知该如何称呼、如何寒暄的时候，颔首低眉，微微一笑，顿时，营造一片春天般温馨的氛围。相逢一笑，既是对别人的尊重，也是对自己的尊重。

相逢一笑是一种气度。我们生活在繁杂的人世间，必须和我们周围的人打交道，每个人有每个人的性格，我们无权要求他人怎么样，唯一可以改变的就是我们的心态，当我们面对那些一贯冷若冰霜、自恃清高、目中无人的人，面对那些对我们冷嘲热讽、恶语相向的人，面对那些有意无意对我们造成伤害的人时，粲然一笑，顿时就化尴尬为自如，化干戈为玉帛。人间三千事，一笑皆了之。

相逢一笑是一种境界。世事洞明、人情练达。以宽容、豁达、成熟、圆融，去包容自私、狭隘、幼稚、尖刻，以淡定、从容、乐观、向上，去面对金钱、名利、贫穷、孤独。

人世间，酸甜苦辣的滋味每个人都各有不同，在岁月静静流逝的空隙中，我们会不经意地遗忘，也会不经意地思念，有些挥不去的雾一样的忧伤，有些是抹不掉的恩恩怨怨，也会有无法忘怀的爱恨情仇，也会常常不经意地涌动着一种莫名的伤感，一种情绪引导着我们的思绪，或浅笑，或忧愁，灵魂在生活中不断地受着煎熬，有欢乐，有微笑，有痛苦，也有泪水。当然，泪水的成分并不全是忧伤，也有愉悦的成分。

当岁月流逝，回忆往事的一幕一幕，希望我们都能坦然，都能释然。人生旅途中难免遇到挫折，难免遭受打击，不论在工作中，还是感情上，也不论是在亲朋好友还是同事之间，难免产生误解和纷争。请不要用加法给我们的过去增加负担，平添不必要的烦恼和仇恨。过去的已成为历史，已经变成了烟尘，不要让仇恨羁绊我们前进的脚步。因为，我们不是生活在过去，而是生活在当下，人生在未来还有太多的不确定和风雨需要我们用“相逢一笑泯恩仇”的胸怀去迎接、去面对，我们生活和奋斗的目的是为了在这个过程中享受生活，享受快乐，去诠释人生的真谛，去实现人生的价值。

“自己心灵的温度决定了世界的冷暖。”当我们以自私的眼光去看待世界、看待他人时，那么我们眼前肯定充满灰暗和仇恨，饱含狭隘之心；相反，当我们以感恩的心态去看待世界、看待他人时，我们就会发现世界的美丽，也一定会发现他人很多可学可敬的地方。如果我们的心灵充满仇恨，那我们对这个世界大抵也是挑剔而刻薄的；如果我们的心灵遍布阳光，那我们对待世界一定是宽容而平和的。

其实，我们每个人的内心对过往的记忆都有一个过滤器，所不同的是有的人过滤掉了美好，留下的是仇恨，有的人过滤掉了仇恨，留下的是感恩。人生短暂，没有必要为所谓的恩恩怨怨、爱恨情仇所纠缠，坦坦然然地去迎接每一天的日出日落，从从容容地去面对每一个花开花谢的季节更替。微微一笑，会使我们的生活更加富有，开心的笑容会令我们的生活更加丰富多彩。

人生不老少年心

人生也应有歌曲的韵味，茶香的无穷的生机。

人生的时光就像那滚滚东去的江水，一去再也不会回来，逝去的是人生的岁月，留下的是对人生的体验。人身在慢慢地老去，但人生不应也随着老去，人生时时应有一颗不老的少年心。

人生原本就是一张洁白的纸，需要我们自己一笔一画地去书写与绘制。你给它画的图案，不论是否对称、是否美丽、是否有用，它都会留下永远的痕迹；也不论你记录下怎样的故事，它都会留下来永恒的记忆。年轻时的记忆，可能会给我们留下一些遗憾和黯淡，但是它带给我们更多的是青春的激情，未来的希望和对生活的美好向往。有了遗憾和黯淡，还可以用以后的努力来弥补，但要是没有了希望与激情，那么一个人的未来人生将会失去色彩。

人生又是一个万花筒，随着时光的流转，不断地有着不同精彩；也像一部纪实的小说，揉进了人间的悲喜欢愁，也揉进了人世的酸甜苦辣，有无尽的风霜雪雨，也有太多的聚散离合，而且在时时不断地更新。就在人生这幕只有开启而没有设置结局的舞台上，我们每个人都匆匆地做着充分的表演，在一幕幕悲喜剧中，我们扮着不同的角色，也许正是因为如此吧，有好多时候才能感到平常的日子里也有了几分瑰丽的色彩。

时光在流逝，生活在继续，生命的衰老不应减少我们对生活的激情。人生如歌亦如茶，就像经典的歌曲永远激励人们的精神；又像杯中的浓茶，暂时的苦涩后有着清清的幽香。人生也应有歌曲的韵味，茶香的无穷的生机。应时时保持自己的少年心，让人生不老。

春风桃花

无常之物无有自性，本是无所谓好坏的，只是众生我执深重，总是以自我的善恶分别之心去看眼前的一切，这一切便随之而起善恶之分。

有这样一首唐诗："去年今日此门中，人面桃花相映红。人面不知何处去，桃花依旧笑春风。"讲的是一个名叫崔护的诗人外出踏青，巧遇一位村姑的故事。第二年，当诗人再去拜会这位少女时却柴门紧闭。诗人有感，便写下了这首诗。

同样的地点，同样的春意盎然，何以诗人会有截然不同的感受？细细思索，便不难发现，因为眼前没有了期盼中的倩影，引起诗人内心的变化，才使同样的春色不再明丽。这可以说明一个问题：外境随心。

我们都知道，外境由因缘合和而生，属于无常，无常之物无有自性，本是无所谓好坏的，只是众生我执深重，总是以自我的善恶分别之心去看眼前的一切，这一切便随之而起善恶之分。分别一起，则随善恶而攀缘，如此以妄生妄，了无休止。作为一名佛子，应时刻谨记，心中一念的分别，正是生死的根本。

既然外境随心而生，该如何面对外境呢？外境属因缘合和而成为“假”；无有自性为“空”；假而空则不流于“常”；“空”而“假”则不落入“断”，即非“常”非“断”。如是观察如是深入，方不失佛子本色。

“非风动幡动，仁者心动。”亦非风动，亦非心动，风雨之中，顿见阳光灿灿。

为生命喝彩

生命多么可贵，需要我们格外呵护和珍惜，亵渎生命是最大的无知。

又是一个春天，岁月静静地流去，生命周而复始地循环，花谢又开，大自然好像是在诉说生命的真相，又好像什么也没有说。一切一切，山重水复，柳暗花明。

生命犹如一种梦境，生离死别是亘古循环的过程。生命却又那么真实，经风历雨，苦难磨砺；所有的不幸和伤痛都是必须去经历的一场苦旅。

生命是脆弱的，脆弱到被自己的心魔击败而萌生绝望，经不起任何的打击。

生命也是坚强的，坚强到可以战胜任何的灾难。只要有一息的气力，它也会迸发出勃勃生机。

生命是无常的，我们永远也不知道下一刻将会发生什么。因为一念之差，就会有不同的结果，生死存亡就是一呼一吸之间。

生命是有序的，我们要遵循它应有的轨迹，你不能逆潮流而行。违背自然规律，只能是自找没趣，将遭到大自然的惩罚，招致不必要的苦果。顺应时代，顺应潮流，才能更好地适应社会，适应生活，才能使生命更久地延续。

生命是个抽象的概念，却赋予了躯体最深刻的灵魂。它培育了我们的道德，充实了我们的内心，令我们思想充盈、道德不朽、精神永存，生命也因此获得了无限绵长的含义。

生命需要我们去感悟，去感悟生命存在的真实内涵。生命中有悲伤，生命中有无奈，生命中有风风雨雨和冰雪的洗礼；生命中有彩虹，生命中有恬淡的愉悦，生命中也有快乐的欢声笑语。所有的一切都赋予生命丰富多彩的壮丽。要度过这丰富多彩的人生，需要不断开发智慧和战胜所有苦难的勇气。人类之所以有痛苦和伤悲，之所以有烦恼和忧郁，皆因自己的内心存在着障碍，看不透事物的本质，被外在的假象所蒙蔽。

生命需要去体会，体会其真实意义。生活在这个世界，每个人对事业是否成功，有着不同的理解和定义。事实上，不是拥有了百万千万才算成功，也不因为出身高贵就叫成功。小草平凡，它却无私地奉献着绿色，体现着忘我的精神魅力。我们只要付出了努力，流出过汗水，就拥有属于我们自己的成功，生命的成功在于经历。少一些奢求，少一些欲望，多一些知足，多一些奉献，才会使生命更加健康和有意义。

生命多么可贵，需要我们格外呵护和珍惜，亵渎生命是最大的无知。包容一切，开心生活，心胸豁达，看淡一切，坦坦荡荡，放飞自己，去展现生命特有的魅力！为生命喝彩，为别人喝彩，也为自己喝一回彩！

生活的幽默，开心的源泉

拥有了幽默就拥有了快乐，而快乐是人生最大的财富。

有个人在外地迷失了方向，一位热心的过路人走过来问："你是不是走丢了？"他笑着回答说："不，我还在这儿，可是火车站的确被我弄丢了！"于是，过路人被他的诙谐所感染，笑着给他指明了方向。

幽默能够引发喜悦，给人们带来欢乐，或以愉快的方式使别人获得精神上的快乐和心情上的放松。幽默是一种艺术，它能拉进我们与他人的关系，并改善我们自己的人格和品质。富有幽默感的人是生动的人，与生动的人相处会使周围的人都感到愉快和轻松。

用幽默的态度处世，可以卸掉那些原本压在我们肩膀上的压力，可以让我们始终以乐观的心态对待人生，幽默可以让我们在尴尬的处境中展现迷人的魅力，幽默可以使我们与周围的人和事融入一种亲密无间的气氛中，消除心理上的隔阂。所以，幽默对于我们人类来说，是风雨人生的处世法宝。

幽默像是击石产生的火花，是瞬间的灵思，所以必须要有足够的灵感与机智，才能发出幽默的语句，幽默可能化解尴尬的场面。在这个竞争越来越激烈的社会，幽默感对于我们来说，越来越重要了。因为它不仅能为严肃凝滞的气氛带来活力，更显示了高度的智慧、自信与适应环境的能力。从某种意义上说，培养自己的幽默感，也就是培养自己处世、生存和创造的能力。

著名诗人惠特曼是一个富有幽默感的人。有一次，惠特曼在一次大会上演讲，他的演讲因为幽默而妙趣横生。

忽然有人喊道："你讲的笑话我不懂！"

惠特曼感叹道："您莫非是长颈鹿？只有长颈鹿才可能星期一漫湿的脚，到星期六才能感觉到！"

人生有许多无奈、愁苦、悲伤，岂能事事尽如人意？因此，要想雨过天晴迎向阳光的人生，就要有幽默的态度。之所以如此，是因为生活赋予了幽默欢乐、机智、豁达等深厚的哲理和艺术内涵，读懂了它们，也就读懂了人生，从而知道如何坦然地面对人生。充满幽默的人生是富有的人生。从幽默中汲取力量，可以帮我们应付各种困境，摆脱种种烦恼。

美国钢琴家波奇有一次在美国密歇根州的福林特城演出，发现全场的座位只坐了不到五成的观众。他当时非常失望，但是他并没有表现出来，而是走向舞台的脚灯，对观众说："福林特这个城市里的人一定很有钱，我看到你们每个人都买了两三个座位的票。"于是全场观众大笑，演出得以顺利进行。

窘境是我们每一个人都可能遇到的，人在这种尴尬的时刻往往会不知所措，但是波奇先生在这里却用幽默的语言，既赢得了到场观众的心，又摆脱了自己的窘境，改变了自己难堪的状况。

幽默的形式和种类多样，各种各样的幽默，像满天繁星，装点着人类浩渺无边的天空。这个世界如果缺少了幽默的点缀，就会变成一片寂寞的沙野。纵览异彩纷呈的幽默百草园，它以其多种多样的形式和种类，存在于我们生命的每一个角落，使我们原本平凡无味的生活，变得处处生机盎然。

读一则笑话，听一段相声，看一个小品，即使我们心里原本很不开心，却也可以在捧腹大笑的同时忘记原本的烦恼，甚至还可以从中悟出些人生的哲理。平时与人聊天时穿插些充满智慧又简洁的俗语，也会在不知不觉中将欢笑带给别人，使你的身边处处充满了笑声，让谈话变得既轻松又愉快。

幽默并非鄙夷，其真义在于爱——它不是出现在哄笑中，而是出现在安详的微笑里。宋朝有一个学士叫作石曼卿，一次他到寺庙游玩，有一个游人不小心碰到了他的马，马因而受到惊吓，石曼卿从马背上摔了下来。他的随从开始大声责骂游人，而石曼卿阻止了随从，温和地对惊恐不已的游人说：“好在我是‘石’学士，如果是‘瓦’学士，岂不要摔破了?”幽默是一种宽容精神的体现。要善于体谅他人，要使自己学会幽默，学会雍容大度，克服斤斤计较，同时还要乐观。

幽默是一种奇妙的语言艺术。在众多的幽默中，自嘲是一种很好的方式。你可用它来活跃谈话气氛，消除紧张，在尴尬中自找台阶，保住面子。能自嘲的人绝大多数都是智者、高手，因为自嘲是要拿自身的失误、不足，甚至生理缺陷作为嘲笑对象，对丑处、短处不予遮掩、躲避，反而把它放大、夸张、剖析，然后巧妙地引申发挥、自圆其说。这一点，如果没有豁达、乐观、超脱、调侃的心态和胸怀，是无法做到的。

幽默是从机智出发，赋予机智更深厚的内涵，同时也对幽默自身的意念、态度和手法产生了影响。幽默与机智是密不可分的，幽默让人发笑，给人以舒适轻松之感，但是在笑声中常包含一个人的机智和高超的语言技巧。

传说韩信7岁的时候，有一天在街上玩，听到一家兄弟二人为一口井争吵不休。韩信问老二是怎么回事，老二说：“老大富，我穷，分家时这一口井归我们两家。现在我想把这半个卖给老大。可他觉得反正不能搬走，就不想买。”韩信一听，笑了笑说：“这好办！你用秫秸把半个围上当茅坑。”老大一听，只好花大钱买下这口水井。

幽默能使人急中生智，化解困境，或者从危险的境地脱身而出，创造性地、完美地解决问题。凡是具有较高情绪智力的人，都特别善于用幽默来应付紧急情况。

一个议员到乡下发表他的竞选演讲。谁知他才讲到一半，许多农民便向他投掷西红柿、鸡蛋、烂水果，以示反对。

议员面对向他抛来的东西和农民的起哄，镇定自若。他一边抹掉身上的污渍，一边说："我也许不清楚你们的难处，但是如果你们同意我当选，我肯定有办法应付过剩的农产品的问题！"

幽默体现了一种乐观向上的精神面貌，有幽默感的人总是满怀希望地正视未来，常往光明的一面看，这正是人类成功的诀窍，是改变平凡人生的砝码。

充满幽默的人生是富有的人生，幽默是一个人的学识、才华、智慧、灵感在语言表达中的闪现，它带给人们更多的是欢笑。在我们的生活中，幽默无处不在。幽默能带给我们乐趣，让生活中充满欢笑；幽默能给我们以哲理和启迪，让我们了解人生的真谛；幽默能给我们无穷的勇气和力量，让我们在风雨人生路上跨过一个个障碍。拥有了幽默就拥有了快乐，而快乐是人生最大的财富。

日子在微笑里延长

出门时带上你的笑，阳光满怀；回家时拿出你的笑，其乐融融；高朋满座时，爽朗一笑，春风化雨；沉思默想时，微微一笑，荡气回肠。

微笑，是情感的语言，无声而亲切；微笑是动听的音乐，美妙而婉约；微笑是生活里的阳光雨露，温暖而滋润；微笑是人们脸上高尚的表情，温馨而怡人。微笑是善意的表达、真诚的示意、美德的显露、修养的映照。面带微笑，洋溢的是你内心的敦厚淳朴，传达的是你心地的与人为善，散发的是你内涵的博大精深。

微笑让我们心情愉悦，微笑让我们建立友谊，微笑让我们的生活充满阳光。微笑挂在脸上，那是友善和亲和，是礼貌和风度，是一种道德和人格的力量。微笑虽然转瞬即逝，但却灿若星辉。微笑是鼓励、是宽容；微笑是尊重、是支持；微笑是热情、是善良。一个会心的微笑，给人留下片刻的愉悦，保存永久的回忆。哪怕心存芥蒂，耿耿于怀，也将随着相逢一笑而随风化去。微笑，是人际关系的润滑剂，是架起友谊的桥梁。

生活需要微笑，无论你身居何处，无论你去向哪里，真诚的微笑永远受欢迎。它让平凡的生活增加乐趣，让相貌平平的人增添色彩，让困苦和挫折历练成坚毅和果敢，让陌生和隔阂化解为熟悉和亲切。它是一种磁力，使人与人之间心灵相通，关系融洽，生活美满，幸福快乐。生活需要微笑，构建和谐需要微笑，让我们每天都洋溢着真诚而和善的微笑吧，在微笑中生活，生活就在甜蜜幸福里！

微笑，使人年轻。“笑一笑，十年少。”微笑时心态自然，心理放松，身体也放松。因为人的五官和脏腑是相联系的，人的表情放松，其脏腑自然也就放松了。身体处于放松状态，五脏六腑也就能愉悦地为你正常运转了，这将延长生命的时限，让你多享受几年阳光雨露的滋润。当心情不好时，试着一笑，我们会发现，活着真是一件幸运的事。

没有比健康更重要、更令人心驰神往的财富，如果你什么也没有，至少还有健康，这是有的人梦寐以求而往往不得的至宝，一旦失去了，花再大的价钱也难以追回。人的生命是有限的，我们无法延长它的长度，但可以拓展它的宽度。活出质量，活出潇洒，就能青春不老，永远年轻。

微笑，使人快乐。微笑是关爱，微笑是来自心灵的真情流露。出门时带上你的笑，阳光满怀；回家时拿出你的笑，其乐融融；高朋满座时，爽朗一笑，春风化雨；沉思默想时，微微一笑，荡气回肠。当你把微笑送给你周边的人或是需要你关爱的人时，微笑就变成了快乐，快乐着你、我、他。

微笑，使人坚强。如果生活不够慷慨，我们也不必回报以吝啬，何必要斤斤计较着付出和得到的必须一般多。如果能够潇洒，何必选择落寞，何不莞尔一笑，坦然地接受生活给予的一切。坎坷是一双耐穿的鞋，艰险是一枚闪亮的纪念章，不要因为风而惆怅，也不要因为雨而忧伤，风和雨都不能使我们的心变得不晴朗。也许我们一生历尽沧桑，却会在最后发现逆境不是痛苦，顺境不是幸福。获得是一种满足，给予是一种快乐。既然人的一生不可能事事顺利，当困难和挫折来临时，微笑着面对，一切艰难险阻挫折不幸，都会轻若鸿毛终散去，随之而来的，必是雪后青松雨后彩虹。

时光是公平的，不因你高兴而流逝，也不因你失意而停止。快乐是一天，郁闷也是一天。那么，就让我们用快乐来迎接每天初升的阳光，让日子在微笑里延长。

生命如花

生命如花，绽放的时候会光芒四射、娇艳美丽，而凋谢的时候也会默默地付出着、奉献着、牺牲着，将芳香弥漫在这个世界。

生命像花，绽放与凋零都是大自然的规律。

成长是一个烦琐的过程，有意无意地，我们接受知识，经历坎坷，然后长大。年幼的羡慕成熟，成熟的又渴望年幼，人就是这样一个矛盾的生命体。

人生在世，有很多的追求与理想。财富，权力，成功只是生活之河的表层，进中之退，走走，停停，想想，才能看清人生路上的风景，才能领略人生的深邃之美。

生命像花，那是因为我们有幸开在亲人爱的枝丫上，对于未来的憧憬和渴望，让他们甘愿付出所有艰辛，只为了我们更美好的明天。

人生有价值正因其有悲剧，没有对与错，没有迟与早，只有合理的存在。因为痛苦，才使我们的人生得以如此丰富多彩；因为痛苦，才能让我们时时珍惜幸福。真正的独立，是能自己承担最坏的结果，在任何境况下，不怨天尤人，不轻言放弃，抬起头，往前走。

每个人的一生，都会遇到很多人，经历很多事，常常在不经意间就被深深感动。那些曾经在生命里、在路途上、在心灵深处触动并温暖过我们的陌生人，都是值得感谢的，因为他们给了我们生命中至为珍贵的记忆。

这个世界不够大，走到哪里都会有相遇，都会有系念和摩擦，擦出的不一定都是会心的火花，有孤独，也有喧哗。

每个人生命中都有聆听的耳朵，在被人遗忘的角落听到花开花落，知道那时早已物非物，花非花。很多很多经历与情感、文字无法铭记，心里装不下了，自然缓缓流淌，只留遗憾滋润肺腑，洗去铅华。

一叶可以遮目，也可知秋，这个世界没有完美，因此，我们要格外珍惜往事中刻骨铭心的挚爱和牵挂。

有人说，生命如茶，唯有细品才能品出真味、悟出道理；有人说，生命如歌，唯有高唱才能唱出精彩、唱出希望；有人说，生命如画，唯有身临其境、入乎其中，才能赏出这幅画的美妙与真谛；有人说，生命如诗，它有着永恒不变的主题……我说生命如花，如花那样绚丽多彩，如花那样美丽多姿，如花那样竞相开放，把自己最灿烂的一面展示给人们！每一个生命都是美丽的，因为再小的花也不会拒绝开放。

“墙角数枝梅，凌寒独自开。遥知不是雪，为有暗香来。”生命如梅花一样，虽然大雪纷飞，虽然寒风冷冽，但它依然屹立在风雪之中，那样顽强，那样坚韧。因为生命的顽强而创造了生命的奇迹，因为生命的坚韧而彰显了生命的珍贵。

昙花放弃了在绚烂的白天与群芳争艳斗丽的机会，只是在漫长的黑夜为人们送走沉重的叹息，依然跳跃生命的音符。生命如昙花，虽然只有短暂的一现，却在那一刻释放出生命的光芒。在强大的自然面前，生命是很脆弱的，但就在那一瞬间，留下的却是伟大与永恒，这就是生命的意义！

生命如荷花，“出淤泥而不染”，纯洁而高贵。爱是人类最美好的感情，是生命无比芳醇的精神体验。爱是纯洁的，又是高贵的，因为拥有爱的生命是高洁而可贵的。爱，超越了痛苦，使痛苦美丽；超越了忧伤，使忧伤美好。爱不仅使爱者心灵纯洁，而且使被爱者尊严高贵，使生命更美丽、更具价值！因此，生命如荷花，如荷花般纯洁，如荷花般高贵。

生命中不断有人进入或离开，就如花儿一样有绽放也有凋谢。生命如花，绽放的时候会光芒四射、娇艳美丽，而凋谢的时候也会默默地付出着、奉献着、牺牲着，将芳香弥漫在这个世界。生命如花，请珍惜这如花的生命！

生活呈现出与众不同的色彩，不是生活有什么额外的赐予，而仅仅是因为在胸襟之中，盈盈地盛满这么两个字：坦然。我坦然，于是我心美丽。我心美丽，于是我的人生跟着美丽，所以心情总如花般灿烂。

人生一世，草木一秋。花开花落在大自然的日历上，也只是一个瞬间的事而已。其实就是这一个个不经意的、不起眼的瞬间构成了我们长长的一生。我们每个人，每一天都拥有无数个不同的瞬间。这些连接在一起就成了人生的点点滴滴。看似寻常不值得在意，然而，也许就在某一个你不在意的瞬间，我们的人生就会改变。

在这个世上，最坚强的东西莫过于生命，最脆弱的东西也莫过于生命。得到与失去，只一瞬间就可以决定。所以说人生最大的幸福莫过于平安二字，平安是人生一切可能的载体，因此我们要珍惜我们眼前所拥有的。不管时光怎么改变，只要自己付出真心去生活，你就会拥有一个可以让自己坦然面对的人生。把握住生命中的一点一滴，也就是把握住了自己的幸福。

日子一天天过去，你会认为昨天、今天、明天是相同的吗？也许你会想这个世界上许多的事明天可以继续去做，许多的人明天可以再去相聚。但事实是：有的事明天你即使想去做，也不一定有机会了。有些人明天也许就再也不可能见到。人生就是这样。不想和来不及都只是一瞬间的事。所以珍爱生命的每一天，平平安安，从从容容，才是生命的本来面目。

也许有人说，人生漫漫，错过了瞬间，还有长长的岁月可以等待。殊不知，造化弄人，人生的许多时刻就是由于你的不在乎，导致你与那些本属于自己的重要时刻擦肩而过。

失去了这本该是你的美好瞬间，也只能在心底里默默地后悔了。

太阳落下去，在它重新升起前，一切都是未知数。我们要做的，唯有好好去珍惜和把握眼前的日子。生命如花，希望我们每一个人都不要错过生命中的每一次花开，都能把握住生命中的每一个美好瞬间。那么，我们的幸福，就会像花儿一样开放。

爱会让你的生命发光，需要会让你的生命珍贵，希望会让你的生命多彩。正视自我，做好自己，你的生命会如花绽放！

也许，是我太过伤感，人间有多少朵花，我们就会面对多少次这样的情境。其实，我们的眼睛早已习惯了这些，习惯了去面对凋谢的花、失神的双眼，尽管前一秒钟这双眼睛还充满生命的希望；我们的眼睛也习惯了去面对它已枯萎的衣裙，尽管刚才这衣裙还美丽如彩虹。于是，在不经意之间，我们发现了生命的残酷，也发现了生命的真谛：生命如花！

人的一生面对了太多的花开花落，这样看来，好像生命真的很漫长。然而，有一天我们会发现，生与死的距离很短很短。因为，今年这朵花谢了，明年的这时，这朵花还会再开吗？所以，生命如花，也如花一般短暂。

人生有些事我们无法选择，也不能躲避，甚至无法逃避。人生，就像一首短小的诗，开头与结尾的距离如此之近，而大多数时候，我们并没有意识到。

生命，真的经不起浪费，就像花一样，只开这么一次。当你真正弄懂了生命的奥秘时，可能会很无奈。其实，生命的本质是一种活法，只要你认真地、洒脱地去活，就永远不会被生命误导，那么，生命也绝不会辜负你。

许多人的一生就是这样在自我辩解与精神原谅中漫步走过，在自我麻醉与欣赏中换回一生幸福的。尽管这种方式看似简单而幼稚，并且经不起思考与推敲，但于己于人至少是一种安慰。可能是自己过于苛求自己，或者存在太多与自己能力不相符的幻想，总想模仿英雄或名人走过的足迹，希望世界给予自己的不仅仅是一个舞台，更是一个充满精彩、展示魅力与才干的广阔天空，可以自由翱翔，可以不经意地玩弄使自己开心的节目，然而事实却并非如此。

有人说过，人活到无奈，才算活出了一点儿人味来。没有尝到无奈的人只有两类：一是尚未真正负荷人生重担的年轻人；一是灵魂麻木的人。真实、无奈才是一种心灵的坦率与真诚，它是面对现实的坦荡与温情，而不是软弱的服从与低头。无奈了才有思考的必要条件，才有了超越的前提与动力，才有蓄势待发的机遇与平台。人生不能没有无奈的时候，但千万不能总困在无奈中唉声叹气和销蚀自己，因为并不是所有的时候都是真的无奈，并不是所有机遇都令你无奈，更不是所有的人都使你感到无奈。要避免无奈，首先你得自己学会微笑，生命之花才会阳光灿烂。其实，觉得自己做得到和做不到，只是一念之差。

生命只是一个过程，每一个细节只是漫长过程中的一瞬，与其为细节而纠结不已，不如裹伤前行，为生命留下精彩。因为所有的胜利，与征服自己的胜利比起来，都是微不足道的；所有的失败，与失去自己的失败比起来，更是微不足道的。要想征服生命的巅峰，首要的是征服恐惧的内心与屈服的思想。点燃思想之星火，不必为情所困，为伤所累，为物所系，为愁所扰，为恨所敷，过程就证明一切，要相信：你是最精彩的。

赋闲或失意者常说，所谓人生有三乐，闭门读好书，开门迎佳客，出门寻山水。有时不失是一种境界，因为人生有多种走法，或坦或坎，或险或平，或喜或悲，或达或困，或富或贫，或贱或贵，或杰出或平凡，在历史的长河中却是一样的存在。人生的真理，只藏在平淡无味之中。

愿生命如花。佛说，不宽恕众生，不原谅众生，是苦了我们自己。以微笑的姿态生活，以幽默的态度处事，也许感受到的不仅仅是阳光与收获。

生命当美丽如花，一生中总要有次绽放，不管花的颜色，不管花的大小，不管花是否芳香，也不管花是否开得长久，是花，总要绽放一次的，不管这个过程是短暂还是漫长，纵然等上千年，它也总要开上一次，用以证明它是花而不是草。

人最宝贵的是生命，生命不只属于你自己，而是属于所有爱你的人。只有生命存在，才能去实现那更高的心中的梦。

每当清晨的朝霞映红了我们的面庞，树上的小鸟将我们从美梦中唤醒，我们知道新的一天开始了。生命如此美好，我们应感谢父母，是他们赋予我们生命，让我们来感受地球的美丽，世界的鲜亮，生活的可爱。人的生命只有一次，让我们热爱生命，愿我们的生命如花一样永远绽放！

每一个人都会从少年走向成年、中年、老年。当成年的睿智成熟取代了曾经的青涩懵懂，留在心头的是抹不去的感慨和阅尽人生百态之后的从容淡定。年华渐逝，可是那些曾经在我们的生活中留下感动的故事不会老去。那些或深刻，或隽永，或温馨的故事，书写在我们生命的字里行间，给不同时候的我们以不同的感动。

生命可以美丽如花，只要你不放弃，即使只给予一点儿希望，种下了希望的种子，就会有意想不到的收获。同样，生命是公平的，只要你付出了努力，人生就不会是一页空白，只要你不放弃。

生命如花，开过了，艳过了，就没有了遗憾。

第三章

归去篇

从容地活着

既然上苍给我们活着的权利，那么我们就要活出一份从容，活出一份美丽。

从容地活着，淡定地活着。不管生活给予我们什么，都要从容地去面对！不要埋怨生活的苦，天上掉馅饼的概率很小。不论卑微或是伟大，不论贫穷或是富有，都要从容地活着，从容来去，坦然今生。

如果遇到困难了，怨天尤人、自暴自弃丝毫不能解决问题，只能徒增烦恼。既然上苍给我们活着的权利，那么我们就要活出一份从容，活出一份美丽。生命是脆弱的，我们选择坚强去加固它；生活是无奈的，我们选择微笑去对待它；活着的每一天都是有缺憾的，我们选择欣赏去完善它。既然活着，就要绚烂地绽放，努力地延长自己的美丽，尽情地舒展自己的生命，仿佛一朵花蕊，终究会在岁月的沧桑后在最灿烂的季节盛开最明艳的自己！

让生命学会包容

人生在世，大度一些，容别人所不能容，忍别人所不能忍，笑一笑，其实也没什么大不了。

生活是一条路，延伸着人生的足迹和希望；生活是一杯茶，饱含着人生的清醇与忧愁；生活是一团麻，交织着人生的烦恼与快乐。

当生活中遇到了不愉快时，请不要去抱怨生活，因为抱怨好比是给生活增添了苦涩，而这种苦涩会像流行感冒一样传染给后面的生活，生活也会因此而黯淡，抱怨无济于事，它降低了自己的人格，也给这个世界增添了污点。

与其抱怨生活，不如赞美生活。如果一切顺利，就赞美这如春天般生机勃勃蒸蒸日上的生活，感谢上苍的眷顾，感谢朋友们的支持；如果赶上了坏运气，就赞美那连日的阴雨天气让我们学会了冷静地思索人生，从而更深一层地认识了生命，并成就了我们的坚强；如果生活平淡如水，就赞美那波澜不惊的生活中我们还拥有平安和健康这么珍贵的财富。

当又一轮旭日照耀着大地时，让我们用欢呼来回报吧，给我们的生活献上一枝花，用感恩的心珍惜生活、赞美生活，当我们总是歌颂生活时，生活也会回报给我们一个又一个像花儿一样甜美灿烂的笑容。

包容别人是对他人的一种尊重、一种接受、一种爱心，有时候包容更是一种巨大的力量。互相包容的家庭一定和和美美，互相包容的朋友一定风雨同舟，互相包容的世界一定和谐而美丽。

包容是一种深厚的涵养，它是一种善待生活，善待别人的境界；包容是一种情操、一种美德，是化解矛盾的法宝，是消除隔阂的催化剂，它不但可以改善自己与他人的关系，也给自己心灵带来宁静与祥和；包容不是懦弱，不是胆怯，而是海纳百川的大度，是笑看风云的开怀与爽朗，包容不仅给了他人一个宽广的世界，也给了自己一片无垠的天空。

生活的天地如此宽阔，我们没有必要在彼此摩擦中浪费时间，浪费生命。人生在世，大度一些，容别人所不能容，忍别人所不能忍，笑一笑，其实也没什么大不了。处处能容，事事看破，人生自当轻松、自在、洒脱。

天空很大，比天空还大的是人心！每一个人包容一点，大度一点，我们的生活就会更精彩、更和谐、更美好。

学会温柔地聆听花落的声音

放下人间的是非恩怨，放下红尘的纷扰纠缠，用一种宁静和从容，朝迎晨曦，暮送晚霞，温柔地聆听花开花落的声音。

人只有两只手，能抓多少东西？抓住一样东西，就意味着放弃了更多的东西。放弃和失去，其实始终是人生的大局。不要以为得到了什么，其实人时时刻刻都是在失去，失去时光，失去生命，失去更多的财富，失去更多的机会。不要抓得太紧，抓得越紧，丢失的会越多。

得到了，莫要沾沾自喜；没有得到，也莫要灰心丧气。生命的旅程太短，世间的精彩太多，拥有什么，失去什么，都不是人生过程的关键。再好的东西，都有失去的一天；再深的记忆，也有淡忘的一天；再爱的人，也有远走的一天；再美的梦，也有苏醒的一天。很多东西，舍弃了更是一种解脱，放弃了就意味着自由自在。所以，该放弃的决不挽留，该珍惜的决不放手。

活一回人生，不要有太多的思虑，学会取舍，放下人间的是非恩怨，放下红尘的纷扰纠缠，用一种宁静和从容，朝迎晨曦，暮送晚霞，温柔地聆听花开花落的声音。

冷眼对沉浮　天凉好个秋

生活中是不会花香常漫的，但只要有一颗乐观坚强的心，本着笑对人生的原则来走人生之路，就会超然物外，洒脱无为。

丹枫如火的时节，枫叶如醉，丹桂挂金，鸟语花香，生机盎然。此时，天空中不时地飘着细雨，雨水洗过的寺院空气清新，令人心旷神怡。我漫无目的地散着步，不觉间已走出了寺院，走在城市里的大道上，感受着细雨的滋润，一阵风袭来，感觉有些许的凉意，我这才意识到，秋天来了。它携着沁凉的秋风秋雨，扫过路旁的树叶。秋天是收获的季节，也是让人感怀的季节……

走过是是非非，才知道宽容大度。学会宽容，可以使人心胸开阔。当被人误解，或误解了别人时，宽容会让时间来抚平一切，调和一切。宽容是大度，能容下人世间所有的酸甜苦辣、能化解天下所有的恩怨是非。生活中，当我们感觉

“山重水复疑无路”时，因为宽容，使我们有了“柳暗花明又一村”的惊喜。因为宽容，融化了我们心头的寒冰。宽容别人，其实就是宽容我们自己。多一点对别人的宽容，我们生命中就多了一点空间。生活才显得更加阳光、更加快乐、更加有意义。

走过悲欢离合，才知道格外珍惜生命。这世间的一切，本无所谓有，无所谓无，无所谓真，无所谓假，只有呼吸着的每一天才是真实的，因为生命对于我们来说，只有一次。人间苦多，世事无常。悲欢离合，本就平常。珍惜眼前人，若不曾珍惜，将来就只有懊悔。懊悔的泪水，唤不回身边的亲人；懊悔的泪水，唤不回已走远的青春和岁月；唯有珍惜，才可以令生命闪光，让日月生辉。

收获了那么多祝福，才知道人心换人心。生活在凡尘俗世，我们给周围的人增添了很多的麻烦，他们都是我们与生俱来的有缘人，因为他们的存在，才成全了我们的一生，离开大众，我们将一无是处。他们给了我们很多的祝福和奉献。我们要懂得感恩，学会知足。生活是公平的，你付出了多少，它就回馈你多少；当我们感觉不公平时，其实是我们的要求太高了，没有达到我们预期的目的。当我们设身处地为他人着想时，就会感到他人存在的价值。予人玫瑰，手留余香。祝福别人，才能彰显我们人格的伟大，才能收获更多的微笑和尊重。

走过恩怨情仇，才知道坦然和从容。面对生活中的日子，飞翔的岁月，我们往往会被无情的铁笼罩身；当面对缤纷的年华，多彩的人生，我们往往会被无情的琐事束缚。面对滚滚的红尘，我们也许会慨叹行色的匆匆，慨叹人生的聚散离合，慨叹人心如疾风。我们为了名利，为了生计而奔波，纠缠在爱恨情仇的旋涡里，也许已有了几许的疲惫与痛苦，也许有了几许的无奈与感伤。然而世间的万物并非均为我们而拥有，世间的快乐也并非专为我们分享。因而我们应坦然面对失去，坦然面对人生。成功时，用自信的一笑告诫自己戒骄戒躁继续努力；失败时，用豁达的一笑显示出自己面对挫折时的坦然与从容。

走过枯燥和烦恼，才知道冷眼旁观。世上本无事，庸人自扰之。生活在这个繁杂的社会，每天做着几乎雷同、琐碎、枯燥的工作，有看不惯的人，有很多想不通的事，有很多的困惑和烦恼。当我们经历后，回头再看时，皆是过眼的烟云；当我们试着跳出局外，不再执着时，也不难发现，所谓的烦恼根本不值一提。烦恼天天有，不拣自然无。宠辱不惊，闲看庭前花开花谢；去留无意，静观天上云卷云舒。生活中是不会花香常漫的，但只要有一颗乐观坚强的心，本着笑对人生的原则来走人生之路，就会超然物外，洒脱无为。

秋天是收获的季节，我们经历风雨，走过名利得失，才懂得收获的珍贵。生活是一方沃土，你播下什么，你就收获什么：播下一种心态，收获一种思想；播下一种思想，收获一种行动；播下一种行动，收获一种命运。在平淡之中，收获宁静与平和；在生命的潮起潮落之中，收获激情与孤寂；

在平淡无奇的人生轨迹里，收获跌宕起伏的心旌荡漾；在变化无常的人世中，收获悲喜交加的不期而遇。面对成功，学会了平和；面对失败，学会了淡然处之。收获让我们懂得生活，收获让我们懂得人生的真谛，收获让我们感受到生命是如此的丰富多彩。

命运里让我们学会微笑

微笑是一种“功德”，微笑也是一种“布施”，因为你将快乐带给大家。

“草不谢荣于春风，木不怨落于秋天。谁挥鞭策驻四运，万物兴歇皆自然。”李白的诗里充满了坦然和从容。隐隐约约，他让我觉得，现在该做的或者说现在该学会的应该是——微笑。在喜悦、痛苦、希望、失望、疯狂、冷漠……种种的人生具象中微笑！

我们不能改变世界，也不能改变环境，那么就来改变我们的心吧！

对于每个人而言，学会微笑很简单也很寻常。因为，微笑是人类的一种本能，是人类独有的天赋，是人类内心情感的外在流露。因为，微笑是春日盛开的百合，夏日挺立的马蹄莲，秋日恬淡的红枫，冬日傲霜的红梅，一切都显得那么自然，不带半点功利和俗气。成功时，开怀一笑，能把心中的喜悦传染给别人分享；失败时，淡然一笑，能将短暂的失意化为梦的云彩；黑暗中，大胆一笑，邪恶会离你而去；阳光下，灿烂一笑，幸福会溢满心田；与人相遇时，善意一笑，能缩短心灵的距离；恋人分手时，默默一笑，能留下更多美好的回忆；受到别人伤害时，豁达一笑，所有的怨恨可以烟消云散；遇到不如意的事情时，自嘲一笑，快乐的心境可以瞬间恢复；成功时，平静一笑，成功已属于过去；穷困潦倒时，乐观一笑，你会拥有战胜逆境的信心。

微笑是一种美容品，使我们的脸变得愈加美丽；微笑是从心底喷出的一股清泉，芳香醇正；微笑是一种气质，是一种境界，是得意时的淡然，失意时的坦然，是宠辱不惊看庭前花开花落的豁达与沉稳，是在艰难困苦日子里的怡然自得；微笑是一种振作，一种成熟，一种坚强，一种超脱的魅力。微笑具有乐观和轻松的风度，给你无穷的力量去战胜困难甚至改变命运，努力实现人生理想，从而获得心灵超越，使你成为某种意义上的成功者。微笑着的人并非没有眼泪，只不过她把眼泪变成微笑，继续前进。微笑着的人并非没有痛苦，只不过会把痛苦锤炼成座右铭，愈挫愈奋。无论身处逆境还是顺境，要始终微笑面对生活。

微笑给人们带来的收获是无可估量的。人，只要学会了微笑，就永远不会贫穷。人，只要拥有天使般的微笑，就能够快乐幸福地活着。人，只要时刻保持微笑，就会在漫漫人生路上拥有一张永久的通行证。

微笑吧！它是我们抵御痛苦和烦恼的武器。微笑吧！不需要任何理由，就那样微笑。要么，常常照镜子，不是看脸上多了几道纹路，而是看看自己是否在微笑。只是微笑！

微笑就是一个魔法棒，变幻了人与人之间细微而复杂的情感；微笑就是调味剂，使苦味变得香甜芬芳。微笑的人都是天使。人与人间的关系很复杂麻烦，人与人之间的关系又是那么简单纯真！

不要赶走你的微笑，因为，也许不经意间彼此已扫除对方心中的阴霾；不要赶走你的微笑，因为，消除人与人之间的阴霾，也许就只有一个表情那么简单。不仅仅是要对别人微笑，对自己也同样要微笑，无论何时，身处何地，微笑总是一个催人上进的法宝。失败了，微笑着等待胜利的下一站；成功了，微笑着迎接更美好的明天；跌倒了，微笑着站起来。

人不可能永远都成为主角，若能经历主角的辉煌，能承受配角的寂寞，永远微笑着坦然面对一切，便没有“不可能”发生。因为微笑的人是天使！

当华美的叶片落尽，生命的脉络才历历可见！美丽的脉络把所有刻骨的疼痛掩盖，生活总是要继续。微笑，安心地接受现在、将来发生的一切。

微笑要用心，才会美丽。把微笑留下，让我们彼此快乐而坚强地生活下去，把微笑、祝福、感恩、道歉等当作礼物赠送给大家。时露微笑，不但身心健康，亦能改变命运。微笑是一种“功德”，微笑也是一种“布施”，因为你将快乐带给大家。

微笑是心灵的净化剂，更是调节人际关系的润滑剂。它如吹拂的清风那样凉爽，如绵绵细雨般温润。生活中就需要这种微笑，微笑需要细细品尝。有了这种微笑，世界才会因此而美好；有了这种微笑，心中才会充满对生活的热爱；有了这种微笑，我们终会领会生活的真谛。它会消除心中的嫉妒，驱散心中的怒气。微笑面对生活，微笑面对挫折。若你懂得微笑，你就得到了人世间最珍贵的东西。心灵的微笑，给人以冬天的阳光！

如月从容

一轮明月，斜挂西楼，似乎有言，终而无语。皎皎明月，天地空明，了无纤尘，世界宽敞，纷争虚妄。

从春到秋，时空就是一位热情的使者，迎来送往不曾停歇。生命如是平凡，平凡得犹如小草；生命如是神奇，更创造着许多奇迹。生命的路，犹如春秋草木，而生命的意义却成了从古到今，圣贤哲人探求的终极目标。佛教的传入，对中国文明的最大贡献就是启迪人们放掉外在的追逐，歌颂生命的超越，肯定物我的统一，消解心灵的偏执，构造内心的清凉，体悟生命的真谛。

不要计较名利，不要执着名相以为真实，要进入“明心见性”的境界。要泯除狭隘的名利观念，扩大生命领域，要从有限的时空中去创造无限的时空，以有限的生命去扩充无限的生命，将短暂的生命投射于永恒的时空之中。万象皆空，有不如无，无即是有。

无分别而证知的世界，才是实相的世界。而我们所认识的千差万别的外相，都是虚假不实，幻化不真的，甚至我们所妄执的善恶也不是绝对的。禅的世界就是要我们超出是非、善恶、有无、好坏、荣枯等相对待的世界，到达一种绝对真实和圆融的世界。

红尘纷扰，何处见道？满目荣枯，万象皆空，君不见来来往往，恩怨情仇，自作多情者，比比皆是，好一个烦恼模样。又是一个静静的夜晚，一轮明月，斜挂西楼，似乎有言，终而无语。冷冷地，从容地，平静地注视着这个世界。皎皎明月，天地空明，了无纤尘，世界宽敞，纷争虚妄。在这里，忽然记起了六祖惠能大师的言教：“无上菩提，须得言下识自本心，见自本性。不生不灭，与一切时中念念自见，万法无滞。一真一切真，万境自如如，如如之心，即是真实。”

花自从容开，人间有正道

因为深知世事之艰难，明白人间正道是沧桑，所以才更要学会从容地去过这一生。

人海如潮，过客匆匆，经历风雨沧桑，生命中留下的是许多无法抹去的感动。花开花谢，春秋循环，走过坎坷炎凉，依然坚信生命的美丽，因为心灵的深处永远闪耀着希望之光。

生活是一望无际的大海，我们都是大海上的一叶叶小舟，大海没有平静的时候，我们也总是有欢乐，也有忧愁。即使忧愁如一碗苦涩的黄连，即使欢乐如一杯香醇的美酒，把他们倾注在大海里，都会太淡了——一如过往的烟云，所以不要让那些不开心的事情常驻在心头。无论在风平浪静的时候，还是在浪尖风口上，永不放弃心中的希望，永远保持那份对生活的热爱。

因为深知世事之艰难，明白人间正道是沧桑，所以才更要学会从容地去过这一生。从容地去面对一切未知的风雨，也从容地去迎接阳光和彩虹。无论经历怎样的潮起潮落、花开花谢，心中依然对未来充满希望，依然满怀对生活的热爱。只要保持对生活的热爱，就会有积极而乐观的心态去面对生活所给予的一切。因为热爱生活，才不会虚度光阴，才会真正地珍惜自己眼前所拥有的一切，才会努力让自己的人生过得充实而有意义；因为热爱生活，才会用真心去对待身边的一切人，用理解和宽容给他人送去温暖、送去开心，同时让自己获得快乐的人生。

伟大的音乐家贝多芬，正值壮年却被老天爷开了个玩笑——失聪，从此生活中完全没有了声音。不仅是美好的自然界的鸟啼虫鸣，潇潇疏雨，轰轰雷鸣，还有他视为生命的音乐。那优美的钢琴声，他再也听不到了，这该是怎样的痛苦啊！而这生理上的残疾更带来精神上的自卑和孤独，曾经傲然挺立，意气风发，如今却只能以离群索居来掩饰自己的惶恐和脆弱。即便如此，他的内心仍是那样真诚地爱着周遭的一切——朋友、亲人，以及所有和自己一样处于苦难中的人们。世间给了他痛苦，他却还世间以快乐。贝多芬满怀着对生命的热爱，倾注了全部的热情谱写了不朽的音乐篇章，同时也谱写了他自己最辉煌的生命篇章。

也许正是经历了太多人生的风风雨雨，在岁月的沧桑里才能真正地把生命认识得更清晰。虽然饱受磨难，却没有对社会、对世事的怨言与不满。也许正是失去的太多，才真正明白了应该珍惜一切；也许正是经历太多，才发现只有用爱心走过的岁月才会无悔亦无憾，才会成就自己最有意义、最有价值、也最精彩的人生。

在广阔的天地间，人是多么渺小，个人的得失也同样是微小得不值一提。每个人都会遇到或大或小的挫折，还是坚强些好，缩小自己的痛苦，放大快乐，虽然倾诉是很好的一种发泄，能减轻自身的痛苦，但终究不如遗忘的好，为了对得起每一天的阳光，对得起关爱自己的每一个人，就少想能给自己留下什么，少些怨言，多想想给世界留下了什么，不必是多大的财富，微笑和快乐就是给人间最好的回馈。

时光悠悠，百年岁月，回首时也只是弹指间。欢笑和泪水总是交织在一起，喜悦和伤悲最后也都只是如一阵轻风，散去无痕。当我们行走在布满荆棘的道路上时，只能咬紧牙关去挺过所有的困苦，可是当一切都成为过去时，却能发现风雨也不是风雨，而原来所有的经历都只是为了让我们去寻找我们内心的坚强和勇敢，慈悲和善良。

春光明媚，百花齐放，但无论盛开得多么美丽、多么灿烂，也难敌东风、难逃凋谢的命运。虽然明知终究会花瓣纷飞，零落成泥，但花儿还是用尽自己的全部力量，从容地在枝头绽放生命的辉煌，因为春去春还回，所以花谢花还开。因此，无论生活给予了我们什么，我们都应该感谢命运。

让我们在夕照里掬一捧纯粹的金色，镀亮心情，怀着感恩的心从容而乐观地迎送每一天。

荣枯难料，从容面对

乐观豁达地对待生命中的潮起和潮落，从从容容地度过人生中的每个寒冬和春天，以积极的心态面对生活，让快乐洋溢在脸庞，让幸福充满胸膛。

山因风雨而朗润，梅因霜雪而傲然，荷因出污泥而高洁，人生因曲折而多彩。如果我们的生活是大海，我们就是飘荡在这无垠大海里的一艘船，要经得起暗礁的撞击，经得起鲸鱼的碰撞，经得起大浪的冲击，经得起冰山的考验。面对人生，就让我们以闲看云卷云舒、花开花落的心境，以从容去选择，选择一种气度，选择一种风范，像诗人一样活着，像农夫一样劳作，赞美阳光，享受生命……

从容让干涸的生命变得丰富多彩，从容让久违的心找回自我的感觉。从容地挥挥手，挥去往日的纷争，挥去灵魂的束缚，挥去内心的焦虑。工作需要从容地进行，学习需要从容地吸收，胜利需要从容地争取。在人生大道上，从容转身，便能还自己一个开放的空间。

从容是一种气质，一个从容的人是平和、朴素、恬淡、大度的。从容与优雅是孪生兄弟，一个优雅的人是一个有品位的人，尽管身边环境变化万千，内心却能够保持不惊不惧、不暴不弃。具有这种品格的人，能够浸润在风晨雨夕，面对着阶柳庭花，听得到自然的呼吸，感受得到生命的脉搏。这时，斗室便是八极，内心顿成宇宙；这时，精神就会富有，心胸就会博大。从容自信带给自己的是淡定与充实，感染他人的是祥和与温馨。

从容，是傲松之于严冬："大雪压青松，青松挺且直"；从容，是一种理性，一种坚忍，一种气度，一种风范。从容，才能临危不惧；从容，才能举止若定；从容，才能化险为夷。只有从容地面对人生的选择，不惧怕危难，才能懂得生存的真谛。在瞬息万变的现实社会里，更需要我们保持一种平淡沉稳、从容自若的心态。如今，远离浮躁，从容选择，已成为一个现代人适应社会环境的基本要求。

无论上天给了我们什么，是雨露的滋润，还是阳光的照射，是狂风的吹拂，还是暴雨的敲打，都从容地接受，欣然地释放着生命的繁丽。如果给予的是伤痛，我们就要学会坚忍，并因此练就释怀生命起落的本能；如果给予的是快乐，我们就当幸福地绽开笑容，并把快乐传播；如果给予的是黑夜，那么我们就和星星、月亮一起迎接每一个黎明的到来；如果给予的是白昼，就让我们尽情地去欣赏鲜花的绽放、绿草的如茵、鸟儿的歌唱、蝶儿的轻舞，去拥抱这个美丽并充满生机的世界。

从容其实也是一种大境界。面对人生的挫折困难不幸而感到失落的时候，更应该对自己笑笑，笑自己也笑人生，没有什么过不去的，时间能证明一切，往好的方向走，就能看到更美丽的风景。这样不是更好吗？何必抓着黑暗不让它走呢？明明希望就在眼前。哭过、笑过、痛过，一切都经历过了，那还需要再害怕什么？还有什么是不能过的呢？就让我们坦然地面对生活中难以预料的一切苦与乐、喜与悲，从容地去走过这一生，让生命在从容的步伐里诗意盎然，散发出清幽的芬芳吧！

无论痛苦与快乐、成功与失败，一切都将在时间无声的脚步中成为过去。我们不必为暂时的失败而气馁，也不必为一时的成功而骄傲，因为一切都将过去。时间如流水，流走的是光阴和生命，乐观豁达地对待生命中的潮起和潮落，从从容容地度过人生中的每个寒冬和春天，以积极的心态面对生活，让快乐洋溢在脸庞，让幸福充满胸膛。

生命的公敌

因为无知，我们蹉跎了许多宝贵的光阴，在爱恨情仇的恩怨中纠缠不休，在得失成败的计较中烦恼不已，在稀里糊涂中就把生命走到了尽头。

当我们在痛苦的沼泽中越陷越深时，当我们在愤怒的情绪中难以自制时，当我们在嫉妒的心态里渐渐迷失时，当我们在怨恨的泥潭里无法自拔时，请不要把生活中所有的彷徨、苦闷、迷茫、失望，归于工作的压力、生活的艰辛、社会的竞争、他人的伤害……其实一切的一切源于我们的无知。

因为无知，我们在声色犬马中盲目地追逐，在纸醉金迷中一味地沉沦，在尘世的繁华中迷失了方向；因为无知，我们从来没有真正地认识自己，我们因为追求许多错误的东西而流失了许多快乐的时光；因为无知，我们蹉跎了许多宝贵的光阴，在爱恨情仇的恩怨中纠缠不休，在得失成败的计较中烦恼不已，在稀里糊涂中就把生命走到了尽头。

百年光阴，倏忽即逝，生命来之不易，我们需要用这一生去学会深刻地认识生命。让我们怀着一颗感恩的心尊重生命，敬畏生命，珍爱生命，用微笑涂抹生命，用坚强武装生命，用宽容拓展生命，用思想充实生命，用爱心完美生命，豁达从容开心地去走过这百年人生。

冷眼轮回，夫复何求

所谓的穷富老少、爱恨得失、是非成败，不过浮云而已，我们只是在无尽的轮回中颠倒梦想。

人间富贵花间露，纸上功名水上沤。时空不停地流转，在岁月的轮回中，沧海变桑田，繁华化苍凉，此时的春深似海，转眼就是衰柳枯杨；多少的帝王名将，终成孤冢一堆在蛮荒。风流易碎，往事会忘。当生命邂逅死亡时，穷人与富人同消，少年与老人同去，恩人与仇人携手，平民与官员同路，珠宝与石块共碎，茅屋与大厦共毁。只需刹那间，就能抹平了恩爱怨仇，埋葬了利禄功名，洗尽了是非功过，淹没了成败得失，卷走了忠奸黑白。

穷也罢，富也罢；老也罢，少也罢；爱也罢，恨也罢；得也罢，失也罢；是也罢，非也罢；成也罢，败也罢。所谓的穷富老少、爱恨得失、是非成败，不过浮云而已，我们只是在无尽的轮回中颠倒梦想。既如此，我们何苦还在为那点蝇头小利斤斤计较；何苦还为那段没有结果的感情哭哭啼啼；何苦还成天和身边的人闹得你死我活；何苦还为钱、为名、为利、为车、为房日日奔波、夜夜思量。

这个世界有时改变得太快，我们无法琢磨、无法控制，我们永远也不知道下一刻会发生什么，所以请珍惜我们宝贵的生命，珍惜我们正拥有着的生活。不是每一个人都可以幸运地过自己理想中的生活，但是因为生活和理想不一样就哭吗？就不想继续生活吗？都不是！无论现实生活和理想中的差距有多大，都一定要珍惜现在拥有的，并享受自己所过的生活。

人生的确有很多的遗憾，人生也的确有很多的无奈。但正是因为无奈，我们学会了忍耐；正是因为遗憾，我们学会了看淡。

其实，人生最宝贵的东西都是免费的。阳光，是免费的；空气，是免费的；月光，是免费的；星辉，是免费的；亲情，是免费的；友情，是免费的；梦想，是免费的；信念，是免费的。——那么多美好的东西都是免费的！所以造物主早已把最珍贵的一切，免费地给予了我们每一个人，所以请珍惜并爱护自己和他人的生命，珍惜眼前的生活，珍惜自己拥有的一切。

简简单单每一天

这世上，有时笑笑人家，有时让别人笑笑自己，放轻松，给自己快乐，也给别人快乐。

玉兔金乌西坠，江河绿水东流。人生那得几千秋，万里山川依旧。看着日升日落，时间就这样在春夏秋冬的轮回中悄然流逝。生活对每个人都是一样，光阴在公平中流逝，社会在竞争中前进，人生在磨砺中成长。所以，困难也好，成功也好，顺利也好，挫折也好，它不会厚此薄彼，都是对每个人素质、能力、生命质量的一次大检验。

上帝造人时，在赋予人类成长权利的同时，也给了人类许许多多的挫折和磨难。无休止的自怨自艾只能把时间浪费，过多的惆怅会将人的毅力消亡，太多的泪水会将前途埋葬。人生就是一个不断解决各种课题、不断突破和提升自己的过程。心态很重要，一个人最难做到的就是——万事平常心，需要锻炼，需要超脱，又因为每一次经历都是生命中的印记，是成长，所以人需感恩每一次经历。

人生有许多经验和感悟，是必须从经历中得来的。尽管种种的书本理论和过来人的说教都会谆谆地告诉我们生活的真谛，但是，入得了耳却入不了心。真正能教导我们的，唯有自己的经历、自身的体验。经历了才是真实的，体验了才是自己的。尽最大努力去做好应该做的事，所有的输和赢都是人生经历的偶然和必然。要学会享受过程，因为人生的关键在于：只要你做了，输和赢都很精彩。

阅历的积淀总无法略去岁月的侵蚀和砥砺，那眼角的皱纹、身上的疤痕、手心的老茧，都如古树的年轮，记载着走过的雨雪风霜。也正是经历了生命的悲喜，体验了人生的冷暖后，我们渐渐地变得成熟、变得睿智，并且渐渐地远离了浮躁，远离了喧嚣。当我们成长后，就会将端了一辈子的东西放下，将蒙了一辈子的遮羞布撕去。我们也真正地明白，人生的幸福不是要，而是给；人生的成功不是敛财，而是布施；生命的丰富不是装满，而是清空。

人们往往太在意别人是如何看待自己，总是让他人的眼神、外界的阴晴左右自己的心情。不要害怕做错什么，即使错了，也不必懊恼，人生就是在对对错错中走过，何况有许多事，回头看来，对错已经无所谓了。这世上，有时笑笑人家，有时让别人笑笑自己，放轻松，给自己快乐，也给别人快乐。

花自飘零水自流，一抹微笑了清愁。以眼看世界，世界是很小的；以心看世界，世界会无限大。有些人，有些事，只有用心去体味，才能了解得更真实。所以在成长过程中的我们，少不了磕磕绊绊，风风雨雨。可是人生路上，总会有盏心灵的明灯照耀我们，一步步前进。人生最好的导师是良心，最好的财富是磨难，最好的品质是宽容，而宽容别人是大度，宽容自己是豁达。一个人的生活其实就是一种心情，知足常乐，能忍自安，平淡生活，与世无争，与人无争，要做一个简单的人，踏实而务实地过好每一天。

生活非常道

微笑面对人生所有的晴与雨，喜看朝霞，醉饮清露，快乐无忧地活着。

浅狭一心，到处便招尤悔；因循二字，从来误尽英雄。生活是一门艺术，需要智慧，也需要包容。很多时候，外界给我们很大的影响，我们常常没有自我。我们盲目地追逐个性张扬，错误地追求与众不同，结果只是让自己更任性、更无知。社会上流行的不一定是正确的，不能把社会上那些不正常的流行认为是正常的，人生道路需要在收敛中克制自己。

朋友之间的友谊不应以喝酒的多少来衡量，所以当众人都举杯豪饮时，为了大家的身体健康，放下酒杯，劝人少喝甚至不喝，以茶代酒，友谊一样醇厚纯真。当朋友或家人与他人发生摩擦时，不要为“自己人吃亏了，没面子”而拍案而起，挺身而出。群殴或单斗，体现的不是谁的勇敢正义，丧失的是理智，缺乏的是智慧，显示的是人的无知和愚昧。真正的面子是德行，是一个人的心胸，是一个人的包容。学会忍让，学会克制，学会善良，这更需要勇气与担当。

没有什么理由可以让我们荒废自己。不是受过伤害，就有攻击的理由；不是受过欺骗，就有仇恨的理由；不是受过艰辛，就有埋怨的理由。不是见过别人吵架，我们就有了以牙还牙的理由；不是见过别人撒泼，我们就有了随口说脏话的理由；不是见过别人庸俗，我们就有了堕落的理由。社会纵然千般复杂，生活纵然万般变化，我们也永远没有随波逐流的理由。流俗，只会是把我们自己的人格和尊严贱卖了。哪怕我们真的受到伤害，受到欺骗，我们也没有仇恨的理由，因为仇恨会弄脏我们的心灵，我们永远没有嫉妒、庸俗、狭隘的理由，它会使我们的世界变得灰暗，缺少阳光。

话说出去之前你是话的主人，说出去之后你便成了话的奴隶。说话不仅是一门艺术，也体现一个人的涵养。多说好话，多说祝福语，伤人的话一定不要出口，不雅的话也不要从自己的口中说出去——即使有些不雅的话成为流行语。盲目地追逐所谓的时尚，所谓的流行，只会迷失自己，丧失自己的德行。无论时光如何流逝，永远的时尚是善良；无论岁月如何更替，不变的流行是微笑。

生命是短暂的，时间是有限的。当生活不能如愿以偿或者不尽如人意时，不要一味地计较和埋怨。当许多人都在声讨社会太复杂时，我们依然保持简单；当许多人都在申述生活的艰辛时，我们还是埋头苦干；当许多人都在埋怨人情的冷暖时，我们仍旧相信善良。人们常常不讲道理，不讲逻辑，自以为是，无论怎样，原谅他们。当然，真正原谅的还是我们自己。如果你心地善良，人们可能会指责你别有用心，无论怎样，坚守心地的善良；如果你诚实坦率，人们可能会欺骗你，无论怎样，保持真诚坦荡；如果你成功了，你会赢得一些虚假的朋友和一些真正的敌人，无论怎样，一如既往以爱心相待。

世界上只有想不通的人，没有走不通的路。相信生活，坚守善良；相信明天，拥抱太阳；相信春天，放飞希望。喜爱一切美好的事物，赞美并享受它们所带来的美好。细雨中梦回那一条童年的小溪，去倾听“时有落花至”的清音，去轻嗅“远随流水香”的芬芳，让淡淡的春水在眼眸中荡漾，让浓浓的春意在眉梢绽放，随着一汀烟雨一树杏花氤氲成一幅恬淡而又缥缈的山水渲墨。微笑面对人生所有的晴与雨，喜看朝霞，醉饮清露，快乐无忧地活着。

又是月满西楼，人生何苦闲愁

不要过分地追求完美，生活不会完美，人不会完美，我们自己也不会完美。

人生如梦，岁月无情。蓦然回首，才发现人活着是一种心情。生活有进有退，输什么也不能输了心情。穷也好，富也好，得也好，失也好，一切都是过眼云烟。不论昨天、今天、明天，能豁然开朗，开开心心就是美好的一天。

没有过不去的事情，只有过不去的心情。确实是这样，很多事情我们之所以过不去是因为我们心里放不下，比如被欺骗了报复放不下，被讽刺了怨恨放不下，被批评了面子放不下，而大部分人都只在乎事情本身，并沉迷于事情带来的不愉快的心情。其实只要把心情变一下，世界就完全不同了。

人生就像一杯茶，不会苦一辈子，但总会苦一阵子。不要过分地追求完美，生活不会完美，人不会完美，我们自己也不会完美。很多事情，做的时候只需努力，不必苛求。接受现实，生活不是只有温暖，人生的路不会永远平坦，但只要你对自己有信心，知道自己的价值，懂得珍惜自己，世界的一切不完美，你都可以坦然面对。

人需要一个良好的心态，学会调整和控制自己的情绪，尽量保持精神和身体的舒畅。懂得怎样善待自己，就会懂得去善待自己的家庭和亲朋好友。我们每天都要善待自己，不管是浓浓的喜悦或淡淡的忧伤，都别太在意，因为欢乐不会永远，悲伤不会长驻，要善待自己疲劳的心灵。对自己好一点，对别人好一点。认真地生活，少一点幻想。不再期待幸福的降临，它就在身边。只要我们能给自己一个好心情，我们就可以活得比阳光还要温暖。

为什么人们总是觉得痛苦大于快乐？忧伤大于欢喜？悲哀大于幸福？是因为很多人总是把不属于痛苦的东西当作痛苦，把不属于忧伤的东西当作忧伤，把不属于悲哀的东西当作悲哀，而把原本该属于快乐、欢喜、幸福的东西看得很平淡，平淡得让自己忽略了它的存在。

人们总是梦想着天边的一座奇妙的玫瑰园，而不去欣赏今天就开在我们窗口的红玫瑰。其实在这个世界上，最珍贵的东西都是免费的，同时也是我们常常忽略的。阳光、月色、空气、花香，亲情、友情，还有信念、希望、意志、梦想……

活得优雅些。也许你的生活并不富裕，也许你的工作不够好，也许你正处在困境中，也许你正被情所困。不论什么原因，请你在出门时，一定要让自己面带微笑，从容自若地去面对生活。只要你自己真正撑起来了，别人无论如何是压不垮你的，内心的强大才是真正的强大。用我们的笑容去改变这个世界，而不是让这个世界改变我们的笑容。

要永远坚信这一点：一切都会变的，无论受多大创伤，心情多么沉重，哪怕一贫如洗两手空空，都要坚持住。太阳落了，月亮接着就会升起，不幸的日子总会有尽头，况且即使是在最失意时，也不要灰心丧气，即使头顶的阳光不在，静夜的明月还在，只要头顶有一丝月光就能照亮我们的胸膛，过去是这样，将来也是这样。

人生如浮萍，聚散莫测；世事如潮水，起落无常。又是月满西楼，人生何苦闲愁。

如何练习乾坤大挪移

人生在世，开心第一。千年故事，一笑了之。

自古江湖，纷纷扰扰，累死多少英豪；大江东去，日月如梭，送走多少看客；花开花谢，春秋循环，消磨多少人生时光；潮去潮涌，时空轮换，化解无量恩怨情仇。五千年喜怒悲欢，多少人物，或慷慨悲歌，或捶胸顿足，或指点江山，或散发扁舟。林林总总，不外这句：红尘一梦。

生活中，有过开心，有过烦恼；有过成功，有过失败；有过快乐，有过忧愁。有过愉悦，有过伤悲。如何抛却烦恼，如何忘掉忧伤，如何享受生活，如何经历风雨，如何保持一种开心，是我们每个人期待解决的课题。

一、换个思路

在我们每个人的工作和生活中，各种各样的事情，喜欢也好，不喜欢也罢，总会纷至沓来，在我们眼前出现，在我们身边发生，与我们不期而遇。如果是好事情，当然是求之不得、多多益善了。可一些让人不怎么感兴趣的事情，甚至是坏事情，也会不请自来，令人躲又躲不掉，不参与又不行。如果单从消极方面去想，会让人生气窝火，心中憋闷，郁郁寡欢。

当我们把事情换个思路来想，往往就会心扫阴霾、脸沐阳光。面对不愉快的事情会因思路的改换而头脑冷静，解决问题的方法也会因思路的改换而更得当，处理的结果也会因思路的改换而比较理想和满意。

在日常生活中，有很多令我们伤透脑筋的“死结”，很多令我们无计可施的事情，也许我们顺着过去既往的方式去思考，会感到仿佛思绪陷入了死胡同，但若我们跳脱旧有、无谓的传统与思维，跳出原先思考的“框框”，说不定会发现崭新、简易的解决之道！很多时候，如果能够换一种思考模式，别被无谓的传统、习惯等等所羁绊，往往会得到出人意料的惊喜。

二、换个角度

世界是如此真实而公平地存在着，但由于看问题的视角不同，每个人眼中都有着一个与众不同的世界，不同的人在各自不同的世界观中发现着不同的色彩，演绎着不同的人生。

有时，遇到事情我们总会往很极端的方向去想．让躁动的心变得更加不安宁，与其这样，不如换个角度，自我调整，心情将会与众不同！

“横看成岭侧成峰，远近高低各不同。”同样一件事，思维角度不同，可能会有不同的结果，换个角度思考，会让坏事变好事；换个角度，我们就有了推翻成见的勇气和别出心裁的智慧。

任何事情都不是绝对的，都有它的两面性，换个角度看问题，会让人产生不同的心态，不同的心态又会决定不同的人生观、世界观。换个角度看问题，学会从消极中找寻积极的一面，让自己快乐起来。与人相处，学会换位思考，会发现别人更多优点，会包容别人更多缺点，同样会拥有一片更广阔的天空。换个角度看问题，常能海阔天空。

三、换个态度

在我们一生的过程中肯定会遇到无数坎坷，也会遭遇许多流言蜚语。但是，我们不要因为自己的不幸或被蔑视，就从此灰心丧气，更不要一蹶不振。爱需要勇气，我们的生活更需要勇气，学会换个态度看人生，它依然美丽。

生活，过得匆忙疲累也是一辈子，悠闲惬意也是一辈子，干吗对自己步步紧逼呢？换一种态度，也许生活的面目没那么狰狞可怖，反而慈眉善目了。人们都知道快乐好，却时常找不到快乐。固步自封地认为快乐离自己很远，愤世嫉俗地责怪着周围的一切。抱怨这世事的不公，抱怨这世间的狭隘，狭隘得让人几乎窒息，而转过头来，却发现狭隘的不是周围的事物，而是我们的心胸。

我们不能掌握生命的长度，但可以改变生命的宽度；我们不能改变命运，但可以改变心态。换个方法思考，可以使问题变简单；换个立场看人，可以宽容处世；换种心态看人生，可以得到更多美好。那是一种火上心头就冷静的持重，是一种虽辱犹荣就自嘲的洒脱，是一种失败到底就崛起的坚强，是一种时来运转就珍视的稳妥，是一种知难而进就劲奋的圆熟，是一种勇往直前就不羁的真英雄、好男儿！

四、换个心情

当我们遭遇不公，为某些事抱怨时，也不妨为自己换个心情，用另一个角度思考问题，主动改变自己，让伤心远离自己，用微笑和快乐去面对生活，那样一来，我们的人生之路，或许将会变得出奇地好。也许一点点快乐的感觉，就能带我们走出忧伤，走出困惑。

俗话说，心病还需心药医，自己的心情还要自己去调理，不要把某件事情看得太过于极端，凡事乐观地看待，勇敢地面对，天塌下来有地接着，没有过不去的火焰山。事情总会过去，好景就在前头。

有时总觉得自己运气不好，喜欢的东西得不到，以为可以拥有了，却往往擦肩而过。而不喜欢的东西却总是遇见，惧怕的事情经常是躲也躲不掉。既然注定了会这样，还不如欣然接受，快不快乐总要面对现实。一切都会过去，一切都是过程，坦然一些，从容一些，因为生活是如此的美好。

五、换个时空

所谓烦恼并非烦恼，当时空发生变化时，所有的一切也会改变的。看别人不顺眼，发现他人的短处和不足时，不一定是别人真的存在什么短处，可能是自己见识少，内心存在障碍，在认知上出现了偏差，在判断上出现了过失，或者是对他人产生了误会，抑或有什么恩怨。把一些小的误会、恩怨挪到十年后，用十几年的时间来化解，时间是最好的疗伤药；把那些大的误会、恩怨挪到百年、千年后，当一切都成云烟时，哪里还有解不开的爱恨情仇、是非恩怨。

把那些不开心的事、想不通的事，挪到百年、千年后，一切过往皆成空，一切成为故事时，还有什么不开心和想不通的呢？自己没有必要去钻牛角尖，让一些条条框框把自己给束缚了。人生在世，开心第一。千年故事，一笑了之。

总之，自己是我们这个世界的主宰，不能祈求任何人，自己的命运只有自己把握，不靠天，不靠地，自己掌握生命的进行式。为自己的乾坤世界呐喊、助威、喝彩！正如：

“梦里落花乾坤事，沉浮得失皆自许。

琴箫一曲伴明月，人间从此无江湖。”

做一个快乐的使者

自己开心，才能传播开心；自己快乐，才能传播快乐。让我们做一个快乐的使者吧！

时空悠悠，谁都是过客，何苦计较那么多。宽容一点，快乐一些，顺境逆境都不做弱者。

用智慧，用真心诚意的态度，寻求一种最佳的生活方式，遵守一定的社会行为规范，建立起人与人之间相互关爱的关系，创造出自己良好的生存空间和生活环境，以使自己和别人都能获得快乐而幸福的生活。

少一些欲望，少一些要求。有条件不要过度奢侈，珍惜眼前的一切，也没有必要刻意苦行去过低贱卑微的生活。时代在发展，社会在进步，适应社会，才能获得更大的快乐。即使有些不如意，也要学会随遇而安，知足常乐。只要精神状态良好，心态平和，即使生活得简单粗糙一点，也是一种快乐。

面对许多默默的关怀和期盼，面对许多没有预约的失败和挫折，不要以为自己无可救药，不要以为整个世界都变得灰暗和褪色。躲在黑暗无人的角落，悔恨、怨叹、泪水，都无济于事，一切都会过去。过去的已是过眼的烟云，不要让过去的烦恼影响了我们今天的好心情。我们生活的世界，在不停地变换。在已逝的过往和未知的明日之间，最要紧的是改变了自己最初对生活的态度和观念。回过头来想想，用淡淡的心情去感受，也许就会发现，生活感动依然，快乐依旧永远。感恩生活，感谢命运，花开花落我们一样会珍惜，它是我们人生中无价的财富。笑着前行，去享受大自然的赐予。

不要把自己的喜怒哀乐，建立在他人的态度和脸色上，不要被别人的言谈举止所左右，影响我们应有的开心和快乐的情绪。对一些人和事，看不开，看不惯，自己烦恼却怨别人，那只能说明自己的无知和愚昧，只能怨自己目光短浅，心胸狭隘，一叶障目，迷失了自己。学会理解，学会宽容，宽容了别人，其实，真正解放的还是自己。让我们拥有豁达的心胸，坦坦荡荡，做一个快乐的使者。

当我们工作的时候，不管任务有多繁忙，压力有多大，都不要抱怨工作。不要带着怨气去开始一天的生活，要喜欢我们的工作，工作只是为了生活的手段。既不要把生活当中的烦恼带进工作，影响了工作，带来不必要的损失和恶劣的后果。更不要把工作中的不顺心带回到生活当中，自己不开心，还影响了他人的情趣。开心生活，才是我们最大的目的。

不要和别人攀比，这样我们会活得很轻松，和任何人相比，都会过得很累。人生最大的敌人是自己。

如果相爱，却因缘份不具足，不能相聚，不要躲在无人的地方伤怀，天长地久不是爱的全部，试着退回到来的地方，为彼此送上真诚的祝福，就会感觉快乐从心中缓缓流出。

繁华只是眼前流过的风景，爱的折磨也只是昨夜曾经的伤痛，平淡的日子才是快乐，平淡的生活才能保持永久的愉悦。

守候平淡的日子，哪怕我们拥有的只是简单的生活。哪怕再怎么不舍，只要不放弃那份对生命的渴望，那么每一个细微的日子，便有了它所能给我们的无限爱意。自己开心，才能传播开心；自己快乐，才能传播快乐。让我们做一个快乐的使者吧！

让我们为宽容代言

闲庭信步笑看花开花落，宠辱不惊冷观云卷云舒。宽容是人类灵魂里最美丽的风景。

德从宽处积，福向俭中求。宽容别人，解放自己。我们生活在这个纷纷扰扰的尘世里，面对你、我、他，交往是必然的，摩擦是难免的，会有同伴的批评，会有朋友的误解……过多的辩解和反击实不足取。多些理解，多些理智，多些耐心，多些思考，多些冷静，多一些对对方的体谅，多一些对自己的反思，避免感情冲动，也就避免了双方不必要的伤害。只要抱着以德报怨的宽容态度，就能使这个世界少一份仇恨，多一份祥和。

宽容是一种博大的胸怀，是一种崇高的美德。“世界上最广阔的是海洋，比海洋更广阔的是天空，比天空更广阔的是人的心胸。”对不同的观点、行为要予以理解和尊重，即使自己有理，也不能咄咄逼人，得理不让。不要把自己的观点和行为强加给别人，要尊重他人的选择；尊重别人就是尊重自己，宽容别人，才会给自己带来广阔的天空。

人生无常，世事如棋。要有宽阔的胸襟，要有看淡一切的洞察力。当我们的真诚被视作幼稚，我们的勇敢被视作鲁莽，我们的灵活被视作滑头，我们的让步被视作软弱，我们的慎重被视作保守，我们的赞美被视作讽刺，悲伤和眼泪不能改变别人的看法，伤心的还是我们自己。喋喋不休地为自己辩解？那只能成为人们茶余饭后的笑料。没有原则地按着别人的看法来改变自己？那更会使自己失去自信、失去自我。不乞求理解，我们就没有不被理解的烦恼；不乞求理解，才会有更加坦荡的胸怀和义无反顾的勇气。

宽容别人还要宽容自己。经风历雨，冰霜磨砺。当我们遇到困难和挫折的时候，要保持良好的心态，要有战胜困难的信心和勇气。跌倒了，不能趴在地上懊悔，那样做没有任何意义。应该站起来擦亮眼睛继续前进，前途广阔无垠，前方阳光明媚，头顶是一片蔚蓝的天空。别人不理解其实并不可怕，可怕的是我们对自己失去了信心。

宽容是一种修养，是一种境界，是一种美德，它需要有博大的心胸。“开口便笑，笑古笑今，凡事付之一笑；大肚能容，容天容地，于人何所不容。”我们要学弥勒佛的心胸。有了宽容的胸怀，才有容天容地，容江海、纳须弥的崇高和博大，才有来自心底的真挚笑容。大千世界，日月轮回，时事境迁，人心思变。所以，我们多对自己进行责备，责自己无知，责自己狭隘，责自己少见多怪，责自己眼光短浅。而对他人，要多欣赏，多赞美，多看别人的长处，多看他人身上的优点，发现不了，怨不得任何人，只能说明自己眼拙，缺乏应有的慧眼和洞察力。

宽容就是让我们学会忘却。忘记昨日的恩怨是非，忘却昨日的爱恨情仇，忘记别人先前对自己的指责和谩骂，用时间来化解我们内心的积怨和痛苦。学会忘却，生活才会有阳光，才会有快乐。

宽容就不要计较过去的对错是非、成败得失。云烟过眼，幻化成空。每个人都会犯错误，如果执着于过去的错误，就会形成思想包袱，如果揪住别人的错误不放，那是拿别人的错误来惩罚自己。不信任、耿耿于怀、放不开，限制了自己的思维，也限制了自己的发展。

闲庭信步笑看花开花落，宠辱不惊冷观云卷云舒。宽容是人类灵魂里最美丽的风景。让我们学会宽容，让我们的人生无憾，让我们的人生更加坦荡、从容，让我们的人生里写满宽容，让我们为宽容代言。

开心一年年

日出东海落西山，愁也一天，喜也一天；遇事不钻牛角尖，人也舒坦，心也舒坦。

风华渐渐横秋，岁月年年见老。一天一天，一年一年，岁月如水般逝去，人们看惯了日升月落、春秋代序，习惯了一年四季、春夏秋冬的冷暖世象，世间万物的改变，却很难看淡人间的悲欢离合、情仇恩怨，更难将伤心难过看得风轻云淡。

我们每个人在日常生活中，无论是开心还是不开心，一天都要过 24 个小时，为何不让自己开开心心地度过每一天呢？老天爷对每个人来说都是公平的，不管是富人还是穷人，一天同样只拥有 24 个小时。把这生活过得超脱些，要学会主宰自己的命运，在最短的时间内去调整自己的心态，要知道伤心、烦恼、怨恨、忧愁不能解决任何问题，我们要学会保持乐观、开朗、平静的心态，善于缓解一切压力，化解一切烦恼，让自己的生活多些开心，少些烦恼。

人世间的一切名利都是虚幻不实、变化无常的，不要执着于这些名利。真正的名利是一个人心底的善良，能够做一个善良的人，这才是最好的名。生活轻松，心情舒畅，开开心心，身体健康，这就是最大的利。拥有一颗乐观的心是最重要的，开开心心过一生，自自在在活到老。

人的一生是一个不断学习，不断完善自我的过程。但是总有领悟不透的真理，总有一些有意或无意的烦心事闯到心里来。人生如梦，顺少逆多，一辈子不容易。把一切都看淡些好，不要太计较，不要总是跟别人过不去，更不要跟自己过不去。百年岁月，也是转眼即过，所以要多珍惜，珍惜时光，也珍惜身边的人，过好属于自己的每一天，让自己开心地过这一生，自己开心，也就能给周围带来开心。

开心是一种觉悟的境界，是一种宽容、安详的心态。退一步海阔天空，忍一时风平浪静。无论何时何地，对他人过失，心怀宽容；对他人苦难，心怀怜悯；对天地心怀敬畏，对万物心怀谦恭。对他人过错，不幸灾乐祸，即使批评对方，也要心态从容，不疾言厉色，应该心平气和，像春风化雨，润物无声。学会宽容别人比什么都难，也比什么都可贵，宽容没有降低自己的身价，而是升华了自己的心灵。

世间的劳苦愁烦、恩恩怨怨，没有什么是不能化解的，需要的只是宽容，是大度，凡事都不要过于计较。计较得失，计较对错，到最后反倒是把自己的快乐计较没了。岁月会在我们的容颜上刻下许多难以抹去的印记，心宽的人，那满脸的皱纹里盛装的都是幸福和恬然。心放宽了，世界就敞亮了，阳光明媚，即使有伤心落寞，也如天上游走的云朵，带来的只是清凉，而不是黯淡，只有把心放宽，道路才不会拥挤，而我们自己才会拥有更广阔的世界。

人活着一天就是福气，就该珍惜，人生短短几十年，不要给自己留下更多的遗憾。日出东海落西山，愁也一天，喜也一天；遇事不钻牛角尖，人也舒坦，心也舒坦。知足常乐，如果我们是一棵柔弱的小草，就不必去奢求竹的挺拔、树的高大，要为自己有“野火烧不尽，春风吹又生”的强大生命力而自豪；如果我们是一株质朴的向日葵，也无须羡慕玫瑰的芳香，牡丹的华丽，要为自己的昂首向阳、果实累累而欣慰；如果我们只是一个非常普通的人，不必去追求拥有辉煌的事业、华丽的归宿，那种平平凡凡、从从容容的生活，才是最真实、最持久的幸福。

忘掉种种多余无用的东西——名、利、仇、怨，不断重新开始，让思维的长卷上不留痕迹。记住该记住的，忘记该忘记的，改变能改变的，接受不能改变的，开心地度过一天天、一年年，让幸福像涓涓的小溪一样在我们的身边静静流淌。

换个心情活一下

当回首这一切的时候，我们都应感到骄傲，因为我们曾勇敢地面对这一切，坦然而从容。

生活仿佛是由心情着色的。好的心情总能让生活充满亮色，让不顺心的事情变得微不足道，让繁忙的工作也不那么让人烦扰，所以别再让坏心情影响我们了，换个好心情去迎接每天新的生活。

学会平静。在我们跌入人生谷底的时候，身旁所有的人都会告诉我们：要坚强，而且要快乐。坚强是绝对需要的，但是快乐？在这种情形下，恐怕是太为难我们了。毕竟，谁能在跌得头破血流的时候还觉得高兴？但是至少可以做到平静。——平静地看待这件事，平静地把其他该处理的事处理好。平静，至少不会郁闷，不会烦躁，不会焦急，没有快乐，却也没有不快乐。

学会知足。为了寻找快乐，我们走遍了千山万水，却始终见不到它的踪影。其实只要拥有一颗知足的心，快乐就在我们的身边。如果对目前拥有的一切觉得不满，等到拥有更多时，也不一定会快乐。生活流淌在时光的河流中，岁月就在我们不经意间缓缓地从脚下流过，一去不返，因此，请千万要珍惜曾经拥有过的一切。

学会简单。思虑过多，常常会把人生复杂化。明明是活在现在，却总是念念不忘着过去，又忧心忡忡着未来。坚持携带着过去、未来与现在同行，人生只会拖泥带水。美好的生活应该是时时拥有一颗简单而轻松的心，不管外界如何变化，自己都能有一片自在的天地。清静不在热闹繁杂中，更不在一颗所求太多的心中，而放下挂碍，开阔心胸，心里自然清静无忧。

学会从容。兰花清幽，就那么简简单单的几片绿叶，就一朵或几朵白色的小花。习惯了寂寞，不因为无人欣赏而不释放自己淡雅而悠远的芬芳。一体青凝，不染纤尘，从容地自开自放，不是甘于平庸，而是细腻地去感受生活中从未缺少的快乐。远离喧嚣繁杂，空谷晨钟，不是自耳畔响起，而是自心田深处某个被遗忘的角落发出。人生亦是如此。生命如同四季，风露荣枯，知春、识秋，看雪、赏花，不管成败荣辱，皆应从容面对，活出淡雅而美丽的人生。

学会豁达。能够学会豁达，就不会纠缠、悔恨于自己的某种缺憾，就不会困惑、迷惘于自己一时的挫折。豁达会让人懂得：即便与春天走失离散，我们还会遇见夏天的热烈、秋天的熟稔、冬天的冷静，青春依然会与我们相依相随；即便与夏天失之交臂，我们还会遇到春天的活泼、秋天的爽朗、冬天的蕴藉，火红的日子依然会和我们相依相抱；即便与秋天不再相逢，我们还会遇见春天的绰约、夏天的飞扬、冬天的含蓄，丰富的生活依然会与我们相绕相环；即便与冬天相去甚远，我们还会遇见春天的清雅、夏天的激昂、秋天的深邃，晶莹的人生依然会与我们相依相存。所以没有所谓的对与错，得与失，无论是在哪个季节，我们都会有人生的收获。

学会坦然。坦然，是一种失意后的乐观；坦然，是沮丧时自我的一种调整；坦然，是平淡中的一份自信；坦然是一份快乐，是一种潇洒。

在人生中，许多成败与得失，并不是我们能预料到的，很多的事情也并不是我们能够掌握的，但，只要我们努力去做，求得一份付出后的坦然，那么得到的也会是一种快乐！曾经笑过哭过，曾经功成名就过，也曾失败没落过。但无论怎样，当回首这一切的时候，我们都应感到骄傲，因为我们曾勇敢地面对这一切，坦然而从容。坦然，会让我们的生活美丽而快乐！

因此，当我们换了个心情时，会发现生活原来一直是如此的美好。换个好心情，我们就能收获生活更多的快乐！

平淡的微笑

平凡的人因有微笑而出众，穷苦的人因有微笑而富有。无论你多么烦恼，多么郁闷，微笑可以使你变得乐观、开朗、豁达、文明、理智、高尚。

微笑，是人类独有的智慧，就像静静绽放的花朵，无声地散发出恬静的香气，感染着周围每一个人，既美丽了自己，也装点了这个世界。

微笑，一个平凡的动作，一个神奇的表情，它能化解多年的积怨，它能改变坎坷的命运，它能传递友善的心意，它能构筑和平的桥梁，它能让阴霾的天空出现灿烂的阳光，它能像春雨一样滋润久旱的土地……

人生之路，难免遇到挫折和打击，不要让外在的环境来决定我们的喜怒哀乐。敢于向失败微笑的人是勇者，微笑着前行，微笑着面对失败。让微笑化作一股春风，吹走落在心头的尘埃；让微笑化作一缕阳光，给自己灰冷的心带来温暖。

微笑是一剂良药，也是一面镜子。敞开心扉，展露笑颜，你会发现，生活终将还给你一片灿烂。平凡的人因有微笑而出众，穷苦的人因有微笑而富有。无论你多么烦恼，多么郁闷，微笑可以使你变得乐观、开朗、豁达、文明、理智、高尚。让我们尝试着从每一个平淡的微笑开始，走向成功。

静静的心海

未来的日子里即使烦恼来势汹涌，用豁达的心胸轻描淡写地让它像浮云一样来去匆匆，不再斤斤计较谁对谁错，不再兜兜转转寻求因与果。

生活浩瀚如海，总会有波澜、浪涛、暗礁，但是请别埋怨生活，因为生活本身是美好的，所有的障碍都在我们的内心里。

别让那些自私、狭隘、嫉妒、仇恨的暗礁阻挡我们的前行，别让那些得与失搅起心浪翻涌，也别让成败迷失了航程的方向，所有的是非恩怨都让它静静地随波逐流。如果有暗流，那也只让感动成为心海的暗流；如果有浪花，也只有感恩的波澜激起浪花朵朵；如果有波涛，也是快乐的歌声荡起的浪潮。

经历过曲折、磨难后的生命会变得更加的丰盈和厚重，在未来的日子里即使烦恼来势汹涌，用豁达的心胸轻描淡写地让它像浮云一样来去匆匆，不再斤斤计较谁对谁错，不再兜兜转转寻求因与果，让那些风风雨雨的往事成为斜挂在天空的彩虹，让那七彩的虹光映照着我们静静的心海。

给人生献一枝盛开的花朵

人生就是一次旅行，重要的不是结果，而是沿途的风景及看风景过程的心情。

人生的旅行中，起点我们不能选择，而终点我们不能阻止出现，过程却在我们自己的脚下。

自出生那一刻起，就开始了漫漫的人生旅程。没有一条路没有风雨没有坎坷，也没有一条路始终是黑暗没有光亮。不管是阳光灿烂还是风雨交加，在时间的流逝中，都将是成为旅程中的一部分回忆，既然选择了就得走下去，要想走得好，那么只有随时保持足够的信心和勇气，才能不断前进，寻找到更多更美好的风景。

人生在世，各有各的生存状态，各有各的心路历程，也各有各的价值观念，这都是不能强求的。在物欲横流的今天，如果一个人注意调适自我，对物欲的追求少一点，对精神的追求多一点，多一份闲云野鹤的生活，少一点尘俗世事的拖累，那么就可以很从容地欣赏沿途的景色。

人生就是一次旅行，重要的不是结果，而是沿途的风景及看风景过程的心情。不同的心情，也会看到不同的风景。再美的风景，如果没有好的心情，就不能感受到其中的韵味。再糟糕的风景，只要有乐观的态度去面对，那么困难也会是锻炼的机会。保持一份平和，一份清醒，可以身居闹市而自辟宁静，固守自我而品尝喧嚣。在人生无论长或短的旅程中，全然切断时间的概念，享受悠闲，享受过程。欣赏岁月的沉淀和时间的幽深，不辜负我们不期而遇的各种风景。

在人生的路上迈着温和而刚健的步伐，在渐进中积累回忆和纪念，在没有追悔的期待中完成行程。给自己的生活献一枝花，让我们的生活更加惬意和洒脱，淡泊名利，与世无争，珍惜眼前的一切，开开心心过好每一天，用欣赏风景的心情迈开每一步，将阳光或是风雨都收进背后的行囊，人生的旅程定会丰富而精彩。

向生命的每一个方向微笑

生命是高贵的，让我们给他加上一个有力的标志，向生命的每一个方向微笑。

俗话说：人生有不如意十之八九。有喜亦有悲，有爱亦有恨，有希望亦有迷茫，有喜悦亦有苦涩，如此等等。但不论我们人生当下如何，若有人给你以真诚的微笑，你的内心都会有明显的改变。

人的微笑，是人类最基本的动作。让我们时时带着微笑来面对一切人与事，当我们见到一位新朋友时，真诚友善的微笑会让我们之间的距离拉近；当遇到他人失败时，鼓励的微笑会给他带来自信；当遇到迷茫时，希望的微笑会给他带来新的方向。微笑，似蓓蕾初绽。真诚和善良，在微笑中洋溢着沁人肺腑的芳香。

每个人的人生或许有很大差异，但微笑应该是人类独特的一种微妙表情，是人类的体态语言，是一种不确切的言语，是一种无声的感召，微笑不分高低贵贱，不分雅俗，凡是智力正常的人皆可有之。微笑不用投入，没有价码，更不是商品，因此它无法进行真正意义上的买卖。微笑无法租借、无法偷盗，它是人自然生成、自然消失、十分神秘的临时性表情。但它所带来的结果，是不能用金钱来衡量、用贵贱来区分的，一个微笑，会带给一个人，一个家庭，一个国家，乃至整个社会的进步、温馨与和谐。

微笑像一杯热茶，滋润着我们干涸的心田。微笑似一缕阳光，温暖着我们的生命。生命是高贵的，让我们给他加上一个有力的标志，向生命的每一个方向微笑。

堪破命运的背后

命运就在我们自己的手里，只要把握了命运的正面，就没有必要苦苦思索背后了。

人生之旅，前途渺茫，命运难测，世事无常。人们一边为命运努力着，一边翘首期盼着未来，对未来充满幻想，总想知道自己的未来是什么模样。但是，人们都只是一心想知道命运的背后是什么，却没有人把眼光放在命运的正面。殊不知，决定命运背后的是它的正面。正面不努力，却期望命运背后多么辉煌，那都是妄想。正面充满希望，充满阳光，背后也不会是阴云密布，正面消极暗淡，背面也绝不会是明媚阳光。

要想破译命运的密码，就要把握好我们当下的每一个举止动念，积极的心态孕育成功的果实，消极的心态孕育失败的萌芽。一个心胸狭窄，锱铢必较的人，他的命运一定会笼罩着猜忌和苦难的阴云；一个乐观豁达，生性开朗的人，他的命运必定快乐无边，幸福无比。

当生活中发生意外，出现困难时，我们只是一味地埋怨命运的不公，却不知道种瓜得瓜种豆得豆的道理。当我们人际关系处理得不协调时，我们不是反省自己的性格是否太过于计较，是否缺乏包容，却只是一味地指责他人的不是；当我们的工作没有得到上司的肯定时，我们不去省察自己的不足，而是满腹的埋怨和牢骚。世人都想破译生命背后的密码，其实只要关注命运的正面，去掉内心里那么多的小气、诅咒、嫉妒、狭隘等阴暗面，树立健康、积极、乐观、包容、微笑、大度、豁达的人生观，命运就一定会是阳光灿烂。

人间正道是沧桑，看破了，命运哪有正面背面之分。命运就在我们自己的手里，只要把握了命运的正面，就没有必要苦苦思索背后了。其实，命运的背面就是正面，正面就是背面。

还生命恬淡的自由

生活需要享受，不仅享受生活中的所有，更要用心灵去享受生活，从繁杂的事务中，品出恬淡、品出宁静、品出悠闲，还生命以恬淡，还心灵以自由。

回首曾经的岁月，我们的生活总会经历一些磨炼，总会品尝一些变迁，总会纠缠一些恩怨，总会体味一些心酸……当我们饱经了岁月的磨砺，世事的沧桑，人间的冷暖，便对生命有了深刻的感悟。

采菊东篱下，悠然见南山。生活在凡尘俗世，我们没有必要追逐那些功名利禄，也没有必要计较那些荣辱得失，吃了很多苦，受了很多累，到头还是一个空，带不走半片云彩。省去那些不必要的思索，摒弃那些浓烈的情感，摆脱那些世事烦琐的拖累，淡去那些无谓的妄想，让我们在一种简约和质朴中生活，让我们的情感融于自然，让我们的心思凝结成一片悠然的心志，似镜花水月般空灵寂静，如月映万川般透彻明朗。

当世俗名利夹杂而来，欲望充斥整个生活，冲突在空气中弥漫着怨愤的气息，不必去刻意躲避什么，也不必去强求什么，只要保持住自己那颗宁静圣洁的心，就能做到“出淤泥而不染”，悠然自得地去走自己的人生旅程。

生活需要享受，不仅享受生活中的所有，更要用心灵去享受生活，从繁杂的事务中，品出恬淡、品出宁静、品出悠闲，还生命以恬淡，还心灵以自由。这样就可以面对世俗的生活宠辱不惊，就可以拥有一颗自然、淡泊的心灵，就可以在纷繁的人世中笑看云卷云舒，欣闻风声雨落，乐观人间悲欢。

生命之舟，何须烦忧

在滚滚红尘中，能让自己拥有一份淡淡的情愫，过着恬淡的生活，那是人生多么悠然自得的美丽。

世上有多少人因为烦恼、忧愁而断送了自己的大好前程，又有多少人因为烦恼让自己的身心俱损，消耗了精力，影响了健康，加速了生命的消磨。生命对于我们只有一次，何须烦忧？她的最美状态应该是淡然，是超脱，是开心。

人世沧桑，走过生命的旅途，谁都有可能会彷徨，会忧伤，会有苦雨寒箫的幽怨，也会有月落乌啼的悲凉。但有限的生命不允许我们挥霍那份属于人生的宝贵时光。生活中难免会遭遇到种种难以预测的意外打击，与其戚戚于悲痛之中不能自拔，倒不如忘掉各种烦恼与不快，用微笑来面对生活。只有经历了风寒阴霾的苦砺，才会破茧走出苦难，走出坎坷，享受明媚的阳光。

大千世界，世事纷繁。烦恼、忧愁好像一把凿子，在人的面孔上凿出无情的皱纹来，不但使人的面容憔悴，还会使人的心灵衰老。其实人生本就平凡、渺小，我们只不过如烂漫的春天里的一棵小草，不过是无垠的蓝天中一朵微小的白云。当你用积极的人生态度，举起微笑的双手叩开生活之门的时候，你就会被幸福和快乐包围起来；当你用悲观的眼神注视着充满阴霾的天空，躲在角落里用悲伤的泪水浸泡着流血的伤口的时候，那无疑是在用伤痛无情地、加倍地惩罚着自己。若把自己摆在恰当的位置，就能在平凡的日子里享受快乐的时光。

春风陶醉在春雨里，因为它享受着简单的滋润；骏马奔腾在旷野上，因为它沉迷于简单的自由。生命之舟，何须烦忧？在滚滚红尘中，能让自己拥有一份淡淡的情愫，过着恬淡的生活，那是人生多么悠然自得的美丽。能让自己的生命唱出最美妙动听的天籁之音，那是生命多么珍贵的闪耀。不要把人生想得太难，繁华落尽是平淡，喧嚣之后，依旧安详。

幸福的方向

幸福的根本在心，幸福是人内心的一种感觉，一股韧劲。

人生在世，人人希望获得幸福。但是，在所有的人生体验中，幸福可能是最无确定的指向和定义的。没有人能说出幸福是什么东西。

的确，幸福是很抽象的。幸福是一种感受，是心灵的一种愉快的感觉与状态。在幸福面前，人人是平等的。不是吗？没有人敢说有钱有地位的人就一定会比穷人过得快乐。《福布斯》富豪榜上的有钱人士与大街上在烈日暴雨下乞讨的乞丐享受的幸福是平等的。其实，很多时候，幸福并不像我们想象的那样遥不可及。一个美美的懒觉，一副健康的身体，坐在校园长椅上一次惬意的阅读，收到朋友天凉加衣的短信留言……这都是幸福。

这里我给大家讲一则故事，那是一个草长莺飞，树木葱茏，鸟语花香的日子。头顶上是一片晴蓝天空，斜阳暖暖地照着，高大的商场巍然耸立，过客匆匆，不绝如缕。夕阳的余晖中走来一对乞丐，衣衫褴褛，脏破不堪，但他们的眼神却全无半点哀伤的痕迹。男乞丐肩上背着一个袋子，沉甸甸的，大概是乞讨一天的收获，女乞丐背着铺盖卷儿，走在男人的后面。我油然慨叹：他们真不幸福。并生出了怜悯之心。

一到西墙沿下，男人开始解那沉重的包袱，小心翼翼地。也许是什么宝贝吧，我猜测着。良久，一台单卡收录机和一大堆磁带出现在我的眼前。男人麻利地找了一盒装好，不久，乐声袅袅。和着音乐的旋律，男人已半躺下，头枕破被，轻轻吟唱“那故乡的风，故乡的云，把我轻轻呼唤……”他的眼半眯着，注视着正在缝补衣服的女人，腿随着旋律晃悠着。夕阳映着他的脸，黑里微微泛着红光。乐声中，女人一边吟唱，一边缝补男人的破衣，不时微笑着看自己男人两眼。看热闹的人多起来了，有的议论着，有的点头，有的默叹……我被感动了，情不自禁地摄下此般人生风景。

试想，一个人混到讨饭的地步，其心之苦、其行之微、其言之哀，是可以想见的。这张照片上的夫妇二人，落魄如斯，却能淡然处之，以平和淡泊的态度笑对人生的不幸，以百倍的信心和勇气去领略生活中的美好。不管因为什么，可以肯定，许多常人眼里的美好都与他们无缘，然而，乞讨一天归来，坐在斜阳晚风中，欣赏天边云彩来来往往，听着反复唱响的乡音恋曲，脑中不经意飘过的悠悠往事，我想，他们一定是幸福的。

由此看来，幸福是一种感觉。不靠慑人的权势，不靠过人的财富，不靠超人的才华，靠的是一颗平常心——常怀一颗笑对人生冷暖的平常心，就有圆融丰满的喜悦常相伴随。幸福似穿鞋，松紧自明；幸福如喝水，冷暖自知。如果说快乐是生理的，那么幸福是精神的。

的确，幸福是一种感觉，一种心满意足的感觉，一种平和的心态，一种淡泊的境界，一种感恩的生活态度。

幸福是一种态度，它没有一定的方向，也没有不变的格言，它在自己的感觉里，它在自己的意念中，它在每一个人的心里。如果你感觉生活是美好的，那你就是幸福的，如果你感觉自己是快乐的，那你也是幸福的。不同的生活态度决定着你的快乐和幸福，健康积极的生活态度会给你的生命带来雨露的滋润，而消极悲观的生活态度会让你的生命更加灰暗和苍凉。

其实，幸福就在身边，平静如水，温暖如春！幸福就在心里，快乐知足、豁达随缘！幸福原来就是生活改善带来的愉悦，或自我价值实现感到的满足！细细思量，有关幸福的诠释竟有如此之多……

有一种幸福叫平安。在耳闻目睹或亲身经历到一些始难预料的事情之后，我们真正明白平安的宝贵，会由衷地感到“活着真好”，懂得了“和顺生百福，平安值千金”的至理。对一个社会而言，平安是最大的和谐；对一个企业而言，平安是最大的稳定，而对个人而言，平安则是最大的幸福。生命来自偶然，逝去却是必然的归宿。能够善待生命、珍爱生命，享有着生的权利和健康的身体是多么幸运的事。所以，能够平安健康地走过人生的一程又一程直至终老，是最大的一种福分！

有一种幸福叫聆听。聆听微风轻拂过湖面，聆听花儿绽放于枝头，聆听细雨滋润着大地，聆听天籁的寂静，聆听自然的宁静和祥和，聆听琴瑟的悠扬，聆听鸟儿的呢喃，聆听小溪潺潺地流淌，聆听圣贤师长的教诲和忠告，聆听父母朋友的叮咛和建议……生命中的很多感悟都是从聆听中获得的，聆听带给人智慧和力量。耐着性子聆听，并善于从聆听中收获的人无疑是富有的，而身边拥有无数能够聆听的机会则是幸福的！

有一种幸福叫舍得。舍得拿出自己的真诚去面对所有人，用自己的诚心换得他人的信任和笑脸；舍得用最简单的信任去面对所有的复杂，简单会使我们变得更加单纯，更加纯洁，从而省去了很多的烦心，获得了内心的知足；舍得展露微笑、释放快乐，送给他人缕缕温暖的阳光，美丽了自己也装点了这个世界；舍得奉献爱心，满心欢快、不期回报地去耕耘，带他人走进一片幸福的田野，自己也省却了很多的烦恼。

有一种幸福叫知足。宁静知足、内心淡定是人生之洪福。面对生活中的诸多不顺意，抱怨和发牢骚都于事无补，与其消极对待，不如包容现实的不完美，留一份宁静给自己，存一点淡泊在心底。“人生到处知何似，应以飞鸿踏雪泥，泥上偶然留指爪，鸿飞那复计东西”，生命中有许多东西都不值得去强取，知足于现有的生活，去领略和享受人生的快乐，而通过快乐这扇心窗，我们也就找到了幸福的方向。

幸福的根本在心，幸福是人内心的一种感觉，一股韧劲。相信在未来的日子里，我们还会在生活中不知不觉地发现，原来，有一种幸福叫守望，有一种幸福叫理解，有一种幸福叫包容……

第四章

一生篇

美丽命运

走过风雨沧桑，岁月的风霜洗净前尘往事，记忆早已遗忘了所有的忧伤愁闷，洒落的是一地淡淡的馨香。

岁月无古今，情怀自浅深。我们跌跌撞撞地行走在各自的生命里，情如潮水，潮涨潮落，人如浮萍，缘聚缘散。当平淡而充实的日子轻轻滑过指尖，循着记忆的通道回溯，无论过去有多少喜怒、哀乐，多少遗憾、得失，多少是非、恩怨，都应将一切封存于旧历，让那如烟往事随雪而化、随风而散、随烟而消。命运原本美丽，只是需要在坚强中体现，在从容中展示，在坦然中还生命以本来面目，在阳光的笑容里展现生命的风采。

命运因坚强而美丽。武则天当皇帝后的一年冬天，在上苑饮酒赏雪，酒后在白绢上写了一首五言诗："明朝游上苑，火速报春知。花须连夜发，莫待晓风吹。"写罢，让宫女拿到上苑焚烧，以报花神知晓。第二天，除了牡丹外，果然是百花齐放。武则天见牡丹未开，大怒之下，一把火将所有牡丹花烧为焦灰，并将别处牡丹连根拔出，贬至洛阳邙山。遭此生命重创，牡丹依然执着地追求那份高贵的尊严，以顽强和坚韧在偏僻凄凉之地盛开了一片惊世的风景，雍容华贵的喜气溢满天地之间。

由此可见，没有曲折的过程就造就不了沉稳刚强的意志，唯有在磨难中方能绽放别样的美丽！生活也许会给我们诸多磨难，我们却可以用坚强化多舛为精彩，让命运因坚强而美丽。

命运因从容而美丽。事从容有余味，人从容有余年。以云淡风轻的从容心态人面对生活的诸多变故，那么即使生活总是风云变幻，内心也依然波澜不惊，能够从容地面对权力、金钱、成功、失败，从容地面对爱与恨、生与死。让生命在生活的斑斓中淬火，铸炼一颗沉稳坚强、广博从容的心灵，告别申诉求告的软弱，告别锱铢必较的卑微，告别患得患失的怅惘，告别睚眦必报的狭隘。权力、金钱、声名、地位像一口深井，禁锢着人们的视线；像一只大锁，封堵了一扇通向缤纷人生的大门。走出深井，天空是如此广阔；打开锁钥，门外的世界是如此多彩。

从容地面对一切，给我们的人生最纯净的空气、最畅快的呼吸，让我们的人生惬意洒脱如一棵自由成长的大树，活出自由，活出轻松，命运因从容而美丽。

命运因坦然而美丽。“天空留不下我的痕迹，但我已飞过”，坦然地面对生活当中的一切，我们的一生原本就是多姿多彩的。坦然造就美丽的心灵，美丽的心灵彰显美丽的生命。坦然，是一种失意后的乐观；坦然，是沮丧时自我的一种调整；坦然，是困苦中的一份自信！

在人生中，许多的沉浮与得失，并不是我们都能预料到的，很多的事情也并不是我们所能逃避的，无论是努力还是放弃，无论是愿意还是排斥，人生总会有许多的不尽人意，或多或少的遗憾点缀了生命旅途的风景。既然如此，我们还是坦然地面对为好，只要我们努力去做，求得一份付出后的坦然，那我们就已经享受了人生的乐趣！

如果失败是一种人生经历，那么这种经历会使我们成熟，如果说一个人的成熟必须历尽沧桑的话，那么沧桑也充满了魅力。坦然面对人生的荣辱沉浮，命运因坦然而美丽。

命运因知足而美丽。不要对生活有太多的不满：饭菜是太咸或太淡，衣服是好看或是难看，天气是太热或是太冷，让自己内心比较容易满足，只要怀着一份知足的心态，在极普通的一天里就能找到那份完美的生活。不要对生活有过多的挑剔，不要过多去分别物质的贵贱、好坏，也别用一双火眼金睛去分辨他人的善恶、美丑，那么生活看起来会更美好。

不是只有名贵的兰花或艳丽的牡丹才能得到人们的赞美，只要是盛开的花儿，哪怕是路边极不起眼的野花，只要是怒放的生命，那么就都值得我们去赞美；只要有人为我们带来了歌声，哪怕只是一曲简单的乡间小调，我们也要为这朴素的歌声报以开心的笑声和热烈的掌声；只要有人送给我们礼物，哪怕只是一张卡片、一个笑容，我们也应当心中充满感激。命运因知足而美丽。

走过风雨沧桑，岁月的风霜洗净前尘往事，记忆早已遗忘了所有的忧伤愁闷，洒落的是一地淡淡的馨香。也许我们的心灵已沉睡了许久，只要放下狭隘、放下执着、放下困惑，解放心灵，那么美丽的心情、美丽的心态、美丽的笑容会让我们拥有一个美好的命运！

又来人间走一遭

相信明天还会升起一轮崭新的太阳，重复也罢，轮回也罢，送给世界一个最美的微笑，收获自己希望的硕果。

“桃花流水，千年悠悠。

过眼云烟，空也不空。”

一念一世界，一梦一轮回。人活着是一种心情。心情不同呈现的内心世界就有所不同，一念觉就是佛菩萨，一念迷就是众生；一念善就是天堂，一念恶就是地狱。

这个世界本来很简单，是我们把它搞复杂了。人之所以痛苦，是因为追求错误的东西，我们没有按照自己喜欢的方式去生活。大多数人是在按照别人的要求生活，刻意地改变，违背内心的所想，自己的命运不能自己主宰。与其说是别人让你痛苦，不如说自己的修养不够。如果你不给自己烦恼，别人也永远不可能给你烦恼。因为自己的内心缺乏应有的包容，装不下别人的缺点和错误，放不下自己的知见和自以为是，即所谓“烦恼天天有，不拣自然无。”

又来人间走一遭，走过的岁月，逝去的光阴，不管是成功或者是失败，都已经成为过去。成功不要沾沾自喜，成功是暂时的，也是偶然的，要用冷静的头脑来走好今后的旅程。失败也不要气馁，只要不失信心，成功就会属于你。其实，对于成功的理解，每个人都有不同的认识，但只要我们付出了努力，为自己的目标流下了汗水，我们就不必后悔。因为在这个过程中，它让我们积累了经验，得到了锻炼，成为今后成功的垫脚石；这就是我们的财富，就是属于我们的成功。

又来人间走一遭，来到这个世界，难免会遇到风雨和磨难，那是上苍对我们的考验，你若在困难面前不屈不挠，勇往直前，上苍也不会亏待你的付出和努力，你在这个过程中，得到锻炼，得到提高，你的人生将更加精彩，更加坚强，你将会看到风雨过后的彩虹。若在困难面前低头，它将成为你不可逾越的一条鸿沟，将会对你的懦弱进行无情的惩罚，它将是埋葬你的坟墓。坚强起来，才是我们唯一的出路。

又来人间走一遭，难免会遇到你不喜欢的人，其实他与你有着很深的因缘，尝试着去包容他，理解他，化敌为友。多一个朋友多一条路，有朋友的日子会更加愉快，有朋友的陪伴也就少了很多的孤单，这是多么美好的一件事。

又来人间走一遭，生活在繁杂的社会，可能有人对你的所作所为有很多误会，你的举动也可能会给他人造成伤害。我们本就是一介凡夫，还达不到应有的圆融，考虑问题还不够周全，说声“对不起”，一句道歉的话语，就会平抑不应有的矛盾，化解很多的积怨，让我们和睦相处。何乐而不为？

又来人间走一遭，花开花谢，也许是前生的继续，也许是来生的序幕。

人生在世有许许多多的无奈，有无奈的人，有无奈的事，如果不能改变什么，那不如在我们有自由空间的时候，珍爱自己一下，让心灵小憩一下，多一些思考，多一些感悟。其实，要想改变别人很难很难，要想改变环境就更加不易，真正能改变的只有自己。改变自己，让自己不断适应这个不断变化的世界，顺应时代的潮流，我们的人生就会更加惬意和怡然。

又来人间走一遭，哭也未必是真哭，笑也未必是真笑，一切都不是结局，不管是微笑，抑或是叹息，细细地品味这一切。在这个世界上，有许多事情是我们所难以预料的。我们不能控制机遇，却可以掌握自己；我们无法预知未来，却可以把握现在；我们不能知道自己的生命到底有多长，却可以安排当下的生活；我们左右不了变化无常的天气，却可以调整自己的心情。少一些欲望，少一些争斗，少一些索求，我们的世界就会是一个没有阴霾的晴天。相信明天还会升起一轮崭新的太阳，重复也罢，轮回也罢，送给世界一个最美的微笑，收获自己希望的硕果。

春花秋月皆自诳，情仇不外梦一场

时代的变迁，世事的纷扰，恩怨的情仇，不过是过眼云烟。

人生一世，岁月沧桑。匆匆一遭，韶华易老。春日才看杨柳绿，秋风又见菊花黄。得失恰如三更梦，百年恍如戏一场。不知有多少的烦恼苦闷，尝尽多少人间冷暖。其间，名利的追逐，情感的纠缠，南北的奔走，恩怨的煎熬。世事的无常，人情的变故。红尘茫茫，纷争不休。荣华似梦，醒来皆空。春花秋月皆自诳，情仇不外梦一场。

禅者的心态，是使人在精神和思想上摆脱世事的纷扰，淡泊名利，进入一种与世无争，洁身自好的宁静、祥和的精神状态。时代的变迁，世事的纷扰，恩怨的情仇，不过是过眼云烟。人当从世俗的烦恼中解脱出来，以洒脱、超然的态度去应对世俗的生活，人生的道路也会变得广阔。更能活得清闲、自在、潇洒和开心，发现生活中的乐趣，寻找属于自己的幸福。

为了得到身心的净化和灵魂的宁静，请走进禅的世界，方能安住清静无为的本心。万缘放下，自识本源。做一回真正的主宰自己命运的主人，达到自己与世界万物的和谐、完美的统一，自己也就认识了自己，识得了自家面目，寻得了自家家门。

自由的生命

快乐其实很简单，只要用心去体会，便会发现处处都是惊喜。

生命如同一朵花，花开总有花落时。既然人世间最宝贵的是生命，那么，我们应该如何度过这一生？快乐是一辈子，痛苦也是一辈子，为什么我们不活得更快乐一点呢？

如果生活已经很苦闷，再用剩下的时间来咀嚼苦闷，只会让生活更加糟糕，所以要放开心胸，学会从苦闷中解脱出来。人生道路上会被布置了失望、伤心、孤独、挣扎和苦痛，会被日常生活的打击、工作的疲惫消磨得筋疲力尽。但是无论遇到怎样的境况，都要记得一切从快乐出发，不要逃避生活，不要躲藏，抑或封闭自己，要拥抱新鲜事物，经历全新体验，或许我们失败了十次，但是，也许成功就在第十一次。如果我们把自己关在成功的门外，我们就会错过成功，错过生命中最快乐的时光。

有时我们遭遇的是挫折而不是成功，生活并不会总是如人所愿。但是我们要坚强，并继续向前，而不要因为这些事让我们陷入低谷。接受挫败并学会坚持，不畏风险地追求我们的梦想，把消极转化为积极，让这些痛苦成为我们通向更美好生活的垫脚石，并学会利用它们让自己更坚强，即便我们失败很多次，但是也不要被失败打倒。

生活中与他人之间的不快和误解、不幸和悲伤，都会在海水涨潮的时候随着潮水的逝去而消失。用心记住别人对自己的每次帮助，把心中的感激和彼此之间的快乐与友谊刻在石头上，让它和石头一样不朽。

快乐是需要自己去培植的，需要用心去体会的。如果我们用心去体会，蒙蒙细雨会给我们欣喜，习习凉风会给我们惬意，万里晴空会给我们舒畅，一句简单而朴实的问候传递的是友好，一个无言而坚定的眼神传递的是鼓励，一次有力而温暖的握手传递的是支持，哪怕递给我们的只是一杯白开水，这里面也蕴涵了浓浓的关爱。生活其实是一直被幸福包围着，只要我们用心去体会，快乐便时常和我们相伴。

快乐要有一颗知足的心，只有知足才能去享受生活，才能放松自己的思绪。知足并不与自己的梦想相矛盾，知足只是对现状的满足，只是一个人活在当下的生活态度。只要我们用心去体会，我们会发现自己拥有的东西还是很多的。人要活在当下，享受眼下的生活。放弃一些烦恼，放弃一些利益，减轻生命的包袱，便能轻装上阵，就会与快乐结缘。

快乐要有一种拿得起，放得下的胸襟。人往往很多时候是拿得起，放不下。放得下是一种洒脱，懂得放下才会快乐，背着包袱走路总是很累的。小溪放弃平坦，是为了回归大海的豪迈；黄叶放弃树干，是为了期待春天的葱茏；蜡烛放弃完美的躯体，才能拥有一世光明；心情放弃凡俗的喧嚣，才能拥有一片宁静。放弃了蔷薇，还有玫瑰；放弃了小溪，还有大海；放弃了一棵树，还有整个森林；放弃了驰骋原野的豪放，还有策马徐行的自得。懂得放弃，是一种智慧，学会放弃之后，常常会收获意外的快乐。

快乐是需要充实自我的，其实只要每天让自己进步一点，让自己多去发现一点点，内心就会充实起来。幸福需要我们不停地耕耘，事实上，学习的过程就是幸福而快乐的过程。

快乐其实很简单，只要用心去体会，便会发现处处都是惊喜。学会给自己一个快乐的心情吧，用快乐去阐释工作，人生就远离了怅恨烦恼；用爱心去打磨日子，岁月将赠予我们无比丰厚的回馈。

快乐是生命的支点，无论生活给我们什么，我们都要从快乐出发。给我风和日丽，我就是一朵欣然绽放的花朵；给我曲折，我就是那条欢快的向前奔流的小溪；给我宽广，我就是那只凌空翱翔的雄鹰；给我风雨，我就是那根经得起千磨万击还坚劲的翠竹。无论怎样，也不要改变我们对生活的热爱，无论怎样，我们也不放弃对快乐的追求，无论怎样，都让生命不被生活中的烦恼所束缚，让心灵自由自在，让每一天的生活都精彩纷呈。

为生命骄傲

生命可贵，不仅是我们自己的生命值得珍惜，一切生命都值得我们去珍惜、关心、爱护。

春去秋来，花开花谢，茫茫尘世中的你我虽渺渺如天上一朵白云，却一样拥有自己崭新的个性和独特的自我，生命本身就是一种美丽。天空有天空的高远，彩云有彩云的逍遥，花儿有花儿的美好，流水有流水的自在，无论生来多么卑微，都应该为自己拥有一片天空、一席土地而感到骄傲。

在漫长的时间银河里，已遗忘了多少的星衰辰败，人生的几十年，对这个宇宙来说也不过像流星一闪。昨天的岁月匆匆，今天的繁华盛世，明天的辉煌太平，我们的诞生已是如此的不平凡。

从我们出生，哭出了生命中的第一声时，我们就开始感受到，人生的道路上必定交织着矛盾和痛苦，充满着求索和艰辛，遍布着荆棘和坎坷。岁月的浪潮泛起多少尘滓，飘浮的人生跌碎无数的梦幻。但是，生命因为磨难而美丽。唯有这些艰难，才能凸显出生命的可贵与不凡，让我们在撒手人寰的时候无憾地笑着离开。唯有经过磨炼的生命，才能淬炼出生命的坚强，也唯有历经风风雨雨的人，才知道生命的难得与珍贵。

生命虽然弥足珍贵，但日常的生活却是平凡而琐碎的，这就需要我们学会欣赏，欣赏平凡生活里的美丽，从而去感知生命的快乐。生活就像湖泊中荡漾的涟漪，平凡却不乏美丽动人；生活也像绿叶上滚动的露珠，渺小却依然晶莹剔透。

当我们走在大街上，看到摆摊的小贩，他们不停地吆喝，并不时地发出爽朗的笑声，谱写了城市匆忙的乐趣；挑着担子卖菜的妇女，甚至老人，他们瘦弱的双肩挑起的不止是生活的重担，还有担子背后的贫穷、朴素、勤劳和善良。他们的脸上总会露着会心的微笑，在最寂寞的现实中，他们感知真挚的生活，尽情地歌唱生活，他们是单调生活里最生动的点缀，静静聆听这些朴实的细语落在地上溅起的声音，好像岁月的散曲，轻轻地哼唱着生命的乐章。

生命没有大小之分，强弱之别，无论多么微小的生命都值得我们敬畏，破土而出的小草、迎风招展的野花、路边来回奔波的蚂蚁、逆流而上的鲑鱼，它们对生命的执着会深深地感动我们，给我们带来对生命的感慨。生命可贵，不仅是我们自己的生命值得珍惜，一切生命都值得我们去珍惜、关心、爱护。

人生像一首诗，有甜美的浪漫，也有严酷的现实；人生像一首歌，有欣喜的欢愉，也有低旋的沉郁；人生像一个大舞台，有显赫的主角，也有无闻的配角。虽然，不一定每个人都能成为独领风骚的风云人物，但是，我们是自己生活的主角，只要我们用心去揣摩自己的角色，我们就一样可以演绎好自己独特而精彩的人生。

生命像一座山，高低起伏不断，风霜雪雨交加，但是，只要我们勇敢地在崎岖的山路上跋涉，我们便终有一天能够攀登上生命的高峰。生命像一条河——上游是童年，宛如美丽的小溪，清澈见底，欢歌笑语中奔流向前；中游是壮年，有瀑布有暗礁有曲折也有流畅；下游是老年，历经岁月的沧桑，回归大海，有平静有辽阔有宽容也有博大。

岁月渐长，年华渐老，我们却在时光悄悄流去时更深地读懂了生命。如果有足够的修养，那么我们的生命是文雅的；如果有足够的经历，那么我们的生命是多彩的；如果有足够的包容，那么我们的生命是宽广的；如果有足够的从容，那么我们的生命是美丽的；如果有足够的善良，那么，我们的生命就会拥有璀璨的光环。

不是生命中的苦恼太多，而是我们的胸怀不够开阔；不是幸福太少，而是我们还不懂得生活。忧愁时，就写一首诗，让苦涩化为浪漫的花朵：快乐时，就唱一支歌，把快乐传递，让幸福传播。无论天上掉下来的是什么，我们都从容地迎接，生命唱出的都是最美丽的赞歌。生命是可贵的，让我们为生命而骄傲。

岁月不会为谁停留

人生最值得回味的地方并不在功成名就的时候，而是这跌宕起伏的一生中所有风风雨雨的经历，这些都值得我们久久回味。

时光如白驹过隙，岁月如飞梭一掷，百年岁月，转眼即过。如果感觉自己不够快乐，也不要把眉头深锁，人生本来就很短暂，为什么还要栽培苦涩？打开尘封的门窗，让阳光和雨露洒遍每个角落。走向生命的原野，让风儿熨平前额，让快乐代替忧愁。

岁月不会为谁而停留，它一视同仁。岁月给所有人同样的时间，如何把握只能靠自己。不是岁月无情，无情的是自己没有去珍惜。岁月不会因为你的懦弱而眷顾你，不会因为你的无知而去体谅你，更不会因为你的肆意挥霍而多补贴给你。它公平、无私，对待所有人亦是如此，不会因为任何因素而改变。

无论世间发生怎样的惊天动地，岁月却依旧波澜不惊地大踏步向前。无论是小小的挫折，还是巨大的灾难，既然已经发生了，我们就要勇敢地面对，用自己的坚强去走过这段最艰难的人生岁月，因为只有用积极、乐观的心态才能迎来美好的将来。被绊倒在地并不是一种悲哀，真正的悲哀是被绊倒后拒绝再站起来。如果我们在失败中一蹶不振，那么原本是一时的失败就会变成终生的失败。我们无法逃避现实生活中那些无常的发生，但是，不要为一时的挫折而丧失了对生活的信心。唤醒心灵深处的热情，把人生过得更积极、更充实一些，让自己的人生没有遗憾！

岁月不为谁而停留，浪费时间就等于是浪费生命。成功的条件不是农作物，永远不会自然成熟，条件需要我们去创造、去争取、去拥有、去完善，而不是守株待兔般地一味盼望。梦想的彼岸其实并没有十万八千里的距离，那是我们想象中的距离，有勇气同梦想握手，我们才能最终拥有梦想的蓝天。

在有生之年，只要我们相信有奇迹会发生，而且一直向着奇迹去努力，那么有一天奇迹很可能真的会发生在我们自己的身上。不去想是否能够成功，既然选择了远方，便只顾风雨兼程；不去想身后会不会袭来寒风冷雨，既然目标是地平线，留给世界的只能是背影；不去想未来是平坦还是泥泞，只要热爱生命，无论发生什么事情，都在意料之中。珍惜现在，好好努力，集中我们所有的智慧、所有的热诚，把今天的工作做得尽善尽美，把眼前的时光充分地利用，生命才会充实而精彩。我们可以欺瞒别人，却无法欺瞒自己，当我们走向枝繁叶茂的五月，青春就不再是一个谜，但是时光一旦流逝了，就再也无法追回了。向上的路，总是坎坷又崎岖，要永远保持最初的浪漫总是不容易，有人怯懦，有人坚持，当我们跨越了一座高山，也就跨越了一个真实的自己。

岁月不停地更迭，年华不停地走远，我们的额头早已布满皱纹，青丝早已染成白发，曾经以为是一生的刻骨铭心，曾经以为是终生的难以忘怀，却都被静静流淌的岁月一并带走。多少曾经的沉重都已经变得云淡风轻，多少曾经的欢愉都变得缥缈如梦，多少曾经的轰轰烈烈，到最后都静如止水。也许历经世间的荣辱沉浮，也许遍尝人间的酸甜苦辣，也许饱受生活的疲惫艰辛，也许受尽人生恩怨情仇的纠缠，也许在浮浮沉沉中伤痕累累，也许在得得失失中忧心忡忡。说过的话、发生的事，所有的一切都让它随风飘散吧，不必太在意，无论是喜悦的或悲伤的、成功的或失败的，一切都会成为过去，成为历史中的一页，成为我们生命旅途中的一隅风景。人生最值得回味的地方并不在功成名就的时候，而是这跌宕起伏的一生中所有风风雨雨的经历，这些都值得我们久久回味。

岁月不会为谁停留，错过了的流水，不能再重复；错过了的季节，不能再捉住。珍惜百年岁月，珍惜拥有的一切，让生活在开心中度过每一天，让岁月在微笑中延长。

让悲哀去漂流

把事情理清楚，才能告别烦乱；把一些无谓的痛苦扔掉，快乐就有了更多、更大的空间。

“活得真累！”有些时候我们会禁不住地这样感叹，在不顺心的日子，我们也总感觉活得真烦。在寻找了千百种理由之后，当我们蓦然回首曾经走过的那些岁月时，会惊讶地发现，其实生活赐予我们的，与别人的并没有什么不同，呈现在我们视野里的生活，每个人其实都一样，而我们感觉不同仅仅是因为胸襟中缺少一份坦然。

那些假日的钓鱼者，一大早出门，在夕阳下却拎着空空的鱼篓回家，即便如此，他们一路上却能留下欢声笑语，因为他们钓回的不是鱼，而是快乐。

当那些早出晚归的农民，在晚霞的辉映下回家时，写满疲倦的脸上却洋溢着朝霞一样的笑容，因为他们播下的是希望，收获的是快乐。

懂得快乐、善于快乐实在是一种智慧、一种气度、一种气魄。无论过程是坎坷还是顺利，无论结局是成功还是失败，只要用豁达、乐观的心态去走自己的人生路，只要我们不管是在顺境还是逆境中都能找到快乐，那么无论怎样的人生都是美好的人生。

如果失败是一种人生经历，那么这种经历却会使我们成熟，如果说一个人的成熟必须历尽沧桑的话，那么，沧桑就是一种美丽。

快乐是一种心境，它和生命的形成无关、和得失成败无关、和财富多少无关、和朋友多寡无关，它源自心灵的芳香。乐观，制造快乐；满足，产生快乐；豁达，拥有快乐。保持乐观满足和豁达，快乐就会永远围绕在我们身边，幸福就一直与我们为伴。

快乐是什么？快乐是每一位母亲忙碌的身影，快乐是每一位父亲慈祥的声音，快乐是每一位老师真心的称赞，快乐是我们生活中每件小事，是人与人相处中的点点滴滴。快乐是一种心理感受，而是否快乐则掌握在我们自己的手里。

假如太阳不快乐，我们就不会有一个阳光灿烂的天地；假如月亮不快乐，我们就不会有一个月色皎洁的夜晚；假如星星不快乐，我们就不会有一个繁星闪烁的星空。我们本来就生活在一个快乐的世界，没有什么理由不快乐。我们每个人都有一颗快乐的心，当我们烦躁、郁闷、忧伤、苦恼的时候，就到灿烂的阳光中去晒晒太阳，到皎洁的明月下去欣赏月光，到闪烁的星空中去数数星星，到快乐的大自然中去找回失去的快乐。

遇到挫折，与其悲伤，不如坚强，在坚强中疗伤；倘若生活欺骗了你，与其愤怒、气馁，不如奋发，在奋发中强壮，默默地快乐着；倘若你事业未成，与其埋怨，不如实干，在实干里进取，默默地埋头苦干；倘若你的才华得不到承认，与其诅咒，不如坚忍，在坚忍中积蓄力量，默默耕耘。

人生，快乐是需要理由的，不快乐也是需要理由的。每个人都有自己快乐的理由，也有不快乐的理由。关键是，你是否主动去寻找那些快乐的理由。而紧紧抓住不快乐的理由，无视快乐的理由，正是你总是觉得难受的原因。

很多事情要学会该放就放，当止则止，才能在轻松快乐的节奏中，收获真正属于自己的那份成功。把一些无谓的痛苦扔掉，快乐就有了更多、更大的空间。

心灵的房间，不打扫就会落满灰尘。蒙尘的心，会变得灰暗和迷茫。我们每天都要经历很多事情，开心的，不开心的，都在心里安家落户。心里的事情一多，就会变得杂乱无序，然后心也跟着乱起来。那些痛苦的情绪和不愉快的记忆，充斥在心里，会使人萎靡不振。所以，扫地除尘，能够使黯然的心变得亮堂。把事情理清楚，才能告别烦乱；把一些无谓的痛苦扔掉，快乐就有了更多、更大的空间。

不管昨天发生了什么，不管昨天的自己有多难堪，有多无奈，有多苦涩，都过去了，不会再来，也无法更改。就让昨天把所有的苦、所有的累、所有的痛远远地带走吧，让所有的悲哀去漂流，而今天，让我们收拾心情，重新上路！

收拾心情，重新上路，轻松的旅程将伴随着愉快的收获，与我们一起度过人生的每一段岁月！

相约明天

不要气馁，因为我们的明天就叫希望，把握好每一个今天，明天会同太阳一起灿烂辉煌。

记得儿时看小燕子在屋檐下筑巢，心里充满了好奇，兴奋地期待着一座鸟巢的诞生。看小燕子在头顶的碧空中来来回回地忙碌着，等了许久却连鸟巢的影子都看不到，只有很少的一点泥土杂乱地沾在屋檐下的墙壁上。何时才能筑起一座坚固的鸟巢呢？心里隐隐地有些着急。小燕子依然来来回回地忙碌着，还不时发出欢快的叫声，一副信心十足、不急不躁的样子，而我终于耐不住寂寞逃走了。忘记过了几天，当我再次想起小燕子的时候，一座崭新的鸟巢已经在屋檐下了。

现在想来，小燕子筑巢的时候大概不会想着要如何把自己的明天抓在手中，也未必会计算自己还有多少个明天。它只是勤勤恳恳地把握着今天自己走过的每一寸光阴，在日复一日的坚持中为自己建起了一座坚固而温暖的鸟巢，却不知不觉地将一个个美好的明天紧紧抓在了手中。把握今天，才能拥有明天。不能把握每一个走过身边的今天，所有关于明天的奇思妙想，终究只是一个美丽而空幻的肥皂泡。

思绪在坚持与放弃之间游离，人生就只能在进进退退之间徘徊。今天不过是昨天的重复，明天又与今天无异。这样的明天拥有再多又有什么意义呢？事实上，所有明天的希望都寄托在今天的耕耘之上。只有认认真真地把握今天，才能真真实实地拥有明天。

妈妈带着儿子去种西瓜，面对大片的土地儿子犯愁了：“妈妈，什么时候才能种完呀？”妈妈平静地说：“明天就能种完。”儿子半信半疑地跟着妈妈开始种西瓜。在听妈妈说了三次明天就能种完之后的第四个明天里西瓜种完了。紧接着瓜苗长出来了。妈妈又带着儿子给瓜苗锄草，垄土，施肥……面对没完没了的繁杂的劳作，儿子的心里无数次涌起了放弃的念头，他不耐烦地不停问妈妈：“什么时候才能做完呀？”而妈妈总是平静而坚定地说：“快了，明天就能做完。”在不知妈妈说了多少次明天就能做完之后的下一个明天里，茁壮成长的瓜苗完全覆盖了整片土地，原来光秃裸露的土地铺上了一块厚重而鲜亮的绿毯，连一只脚都伸不进去了。站在地边，透过叶片的遮掩，隐约看到一条条肥硕嫩绿的瓜藤上缀起了一颗颗毛茸茸的小西瓜。儿子的脸上露出了温馨的笑容：“妈妈，什么时候才能吃到又大又甜的西瓜呀？”妈妈的笑容后面依然是往日的坚定与平静：“明天，明天就能吃到又大又甜的西瓜。”儿子的脸上没有了往日听到这句话时的疑惑。他似乎已经理解了妈妈心里明天的含义。任何繁杂沉重的工作，只要从今天开始认认真真地做，总会在未来的某一个明天里被完成。而只要把握今天，勤勤恳恳地付出，丰硕的果实必然会在未来的某一个明天里静静地等着你去采摘。

我们都知道，明天是离不开今天的，昨天的明天正是今天。别在等待一个又一个明天的来临中，让今天的光阴悄悄溜走。不能把握今天，如何能拥有明天？每一个逝去的昨天，都曾经是握在手里的今天，每一个行进中的今天，也都曾经是令人期待的明天，回首清晰而缥缈的过往，我们已失落了太多的明天。现在，请拿起沉睡的笔，抓着今天的尾巴，向着明天的收获，开始谱写华美的序曲吧！

天空中有一轮明月，有人寄托相思，有人寄托哀愁，而我们却可以用它来寄托希望。愿希望像这天空中的明月一样天天都有，将所有的沉重释放，走出生命的迷失与彷徨，向着未知的明天寄以深深的向往。

光明的时候不需兴奋，因为我们知道梦想还在远方；黑暗的时候不需迷茫，因为我们知道此时最需要的是坚强。不要气馁，因为我们的明天就叫希望，把握好每一个今天，明天会同太阳一起灿烂辉煌。

相约未知的时空

月有阴晴圆缺，人有悲欢离合，人生在世哪能事事尽如我意，倒是不如意事常八九。有的人不思八九，常想一二，因而把自己的人生经营得有滋有味。

面对每一天崭新的太阳，我们是否会在心底升起一种感激之情？时光流转，斗转星移，我们是否从中发现了生命的美丽？

在蜂飞蝶舞的芳草地上放飞日益疲惫的心灵，我们会感悟到世间的一切原本是如此的美好。生命的茂林中，流光溢彩，地上斑驳的影子，都只是阳光下美丽的点缀。漫漫的人生路上，风雨的起起落落，也是一种别样的风景。一切都源于一颗善于感悟的心，以及一双能捕捉每一个感动瞬间的眼睛。

当跋涉的双脚在坎坷的路上踏出无悔的印迹，当一颗心于黯淡的境遇中迎来新的曙光，我们的胸中是否充满了对生活的感恩之情？面对汹涌奔向眼底的日复一日，当我们用一颗最虔诚的心去拥抱它们时，会发觉处处美丽。用真情去补缀所有断裂的时光，用热诚去擦亮每一个黑暗的角落，世界在我们的眼中将会变得生动无比。

当太阳悠悠落向西山时，我们可以在黑暗中发现另一处风景。皎皎明月，耿耿星河，映亮了身畔的一草一木、一沙一石，映亮了珍藏在心底的点点滴滴。对于失去的东西不要长久地耿耿于怀，相信更美的就在前方，如果我们为失去的太阳哭泣，那我们也会失去群星。心怀抱怨只会使原本充满希望的日子变得琐碎而无味，而心存感激就能拭去路上的漫漫风尘，使生命中的每一天都清新无比。

日子一天一天地过去，从花开到花落，从花香浓郁到花香淡去，平和地接受生命中的每一次赐予——得与失、美与不美，通通接受。生活就是这样，当我们不求全责备的时候，我们便会感到满足，感到满足时，快乐就一起感受到了。

生命并不是一帆风顺的幸福之旅，而是世事波动在幸与不幸、沉与浮、光明与黑暗之间的。当一个人遇到不幸时，可能会自我哀叹，逆来顺受，可能会意志消沉，一蹶不振，也可能勇敢面对不幸，迎难而上。当不幸袭来时，只要把它看成是上天为了考验我们的意志而安排的，那么不幸就会成为人生的一个转折点。

每个人都要善于学会接受我们承受不了的东西，那是生命过程中无法避免的，只要达观地看待就行了。很多时候，我们在生活的路上走得艰难，走得不好，而这不是路太窄了，而是我们的眼光太狭隘了，堵死我们的不是路，而是我们自己。人生当中，真正重要的不是我们遇到了哪些事情，与一些什么样的人打交道，而是我们如何面对所发生的一切，并进而创造各种不同的人生，切忌因为迷信所谓的命运而阻碍了自己前进的脚步。

月有阴晴圆缺，人有悲欢离合，人生在世哪能事事尽如我意，倒是不如意事常八九。有的人不思八九，常想一二，因而把自己的人生经营得有滋有味。面对逆境时，为人豁达些，便依旧能够爬上屋顶看风景。即便是山崩了，地裂了，也不觉可怕。人生在世，只要活着就有希望，有梦脚步就不能停下，带着爱奔走在人生路上，柳暗花明的日子将为期不远。

冬日里要看到春在枝头，一切美好已经藏在岁月里。带着希望往前奔吧，那汹涌奔向眼底的每一天，无论是阳光明媚还是飘雨飞雪，都是我们生命中不可弃置的美丽时光。草绿了，我们就享受那份油绿；蝉鸣了，我们就聆听那欢快的歌唱；叶黄了，我们就品味秋意；冬季里，我们就欣赏雪花的飘舞。用心珍惜每一个属于你的日子，我们终会拥有一个无愧无悔的人生！

让我们怀揣着希望，相约未知的时空，相约美丽，相约辉煌！

冷暖人间炎凉难测

人有的时候就是这样，把一切看得太重了，因此，看不到经过身边的美丽风景。

走过风风雨雨的年岁，走过沉沉浮浮的人生。生命里有那么多的刻骨铭心，生命里有那么多的感人至深。人生就是在平平淡淡中体验着它的美丽，在曲曲折折中品味出它的精彩。

人生不是纯粹的享受，而是在走一段崎岖的山路。从婴儿啼哭落地的那一刻起，就告诉我们痛苦的人生开始了，为饥饿待哺而嗷嗷大哭，乃至长大成人，又开始为名利、虚荣、为这为那而碌碌奔忙……

人刚生下都是一样的，都是赤条条来，仅有的差别也只是男女之别。然而，随着时间的推移，环境的改变，学习的艰难，世道的艰辛，人情的冷暖，人们的心灵和意志就会慢慢地发生改变，这样的改变会导致人与人之间的差距。于是，有些人很成功，有些人很失败；有些人很出色，有些人很平庸；有些人很幸福，有些人很痛苦。

人活着并不是为了痛苦，而痛苦却与人生时时相伴，梦想常常使人勇气倍增，而现实却又常常使人备受梦幻破灭的煎熬。人生美丽而枯燥，残酷又多情，生命的无奈和艰辛的历程构成了最精彩的人生片断。

在人的一生中，总有愿望不能实现，总有许多梦想难以成真。从容的笑容后面隐藏的往往是难言的苦涩。即便如此，我们也没有理由去抱怨人生。生活对谁都没有好恶之分，它像一杯白开水，有人喝之甘甜可口，有人喝之淡而无味。其实，水的味道倒不一定重要，重要的是你以什么心情去品尝它。所谓的人生的幸福与痛苦，不过是每个人对生活的一种心理体验，乐观者即使陷入困境，体验到的也只有快乐，一种与逆境抗争的快乐。

人生是艰难的，但如果我们去发现、去欣赏，就会发现人生还有另一种更美的风景。有困难才会有勇气，有竞争才会有优劣，有失败才会有坚强。往往在经历了失败之后，人才会一步步走向成功，往往在经历了痛苦之后，才一步一步体会出什么是快乐。只有在尝遍了生活的酸甜苦辣和人世间的冷暖炎凉之后，才能感知生活的精彩所在。其实，每个人的人生经历都是一本书，一部令人百读不厌的书，有平淡，有精彩，妙处因人而不同。

在生命里，我们应该去感悟，感悟这尘世中的种种，但，现实生活中我们却被种种世俗所羁绊，以至心灵得不到放生，得不到解脱，得不到升华。名利地位、爱恨情仇、恩怨是非……往往压得我们透不过气来，仔细想想，何必呢，都是些过眼的云烟。不论你怎么活，三万六千五百天罢了，风景其实在任何高度都可以美丽，人生其实在任何位置都会有奇迹。

人有的时候就是这样，把一切看得太重了，因此，看不到经过身边的美丽风景。如果真的能释放自己，把一切看淡，就没有什么忧和愁可言了。而那些总爱把自己锁在忧愁里的人，往往锁住的，是一辈子的伤和痛。

人生，其实换个角度看，未尝不是海阔天空，何必为自己的欠缺、自己的失败而沮丧呢？何必为别人的嘲笑、别人的讽刺而痛苦呢？这些其实是上天赐给我们的福分，我们应该把人生一切幸运或不幸的遭遇照单全收，我们要感谢上苍对我们所做的一切。感谢人间的沧桑，感谢世态的炎凉，感谢人生的痛苦。只有经历世态的炎凉，才能感知人间的冷暖；才有我们精彩的人生，才能彻悟人生的真谛；只有经历风风雨雨的洗礼，才能见到人生美丽的彩虹。

冷暖人间，炎凉人生；众生百态，相依相偎。每天都上演着残酷和美好，冷漠和温情，痛苦和甜蜜，相遇和分别，泪水和笑容，交织起的一幕幕，谁都无法逃避。因此，只要我们坦然地面对，面对真实的生活，无论你拥有的是痛苦还是快乐，懂得欣赏并珍惜它，这便是精彩而美丽的人生。

人生究竟不是浮云

人生究竟不是浮云，发生在我们身边的一切是那么的真实，生命中的一切我们必须去经历、去体验。

人生如梦，岁月蹉跎。回望历史长河的画卷，人类已经走过的七千多年的文明历史，在宇宙的无限时空里，只是一瞬间而已。而人生短短的几十寒暑，相对于浩瀚的银河来说，更是渺小得几近虚无。匆匆岁月，百年人生，就像远处飘来的一朵朵白云，走过了，飘过了，没有留下任何痕迹。但是，人生究竟不是浮云，不要只会在心情灰暗的季节里，才能想起开怀一笑的美丽时光；也不要总在冥晦阴霾的时候，才会怀念起阳光灿烂的日子。那逶迤的山脉总不会因风云变幻的无常而失去气概，那嶙峋的岩石也不会因风雨的洗刷而迷失自我，那奇巧的参天大树总是坚强地面对所经历的一切，尤其那奔流不息的小溪，更不会因前方的阻碍而停止步伐。

虽说人生苦空无常，但是，生活是现实的，也是残酷的，对待生活当中的一切，如果我们不认真，就会遭到生活的捉弄，会给我们的工作和生活带来不必要的麻烦，造成无法挽回的损失。

要懂得珍惜。珍惜每一寸光阴。光阴已逝去，寸金难买回。要珍惜每一个缘分，人海茫茫，能回首相聚就是缘分。要珍惜别人对自己的每一份关爱，哪怕只是一句问候，一个微笑。滴水之恩，当涌泉相报，更不能以怨报德。要懂得尊重别人，感受别人，体恤别人。若不珍惜，难于唤回曾经的友谊，亲情不在，再多的泪水也是枉然。

要学会感恩，感恩每一个人。感恩家人，给我们鼓励；感恩朋友，给我们面对困难的勇气；感恩老师，让我们有闯荡社会的能力；感恩对手，他也是我们成长的阶梯；感恩伤害自己的人，让我们更宽容地对待别人。没有不值得感恩的人，我们身边出现的每个人，都是为了帮助或锻炼我们而来。

还要学会脚踏实地，一分耕耘一分收获，没有免费的午餐，兔子也并不是总会让守株的人得到，只有付出过，才有可能获得。得不到的时候，也不要气馁，人生在世，本就是沉沉浮浮，过眼云烟，掌握了这些，你就掌握了人生究竟不是浮云的真谛。

人生究竟不是浮云，发生在我们身边的一切是那么的真实，生命中的一切我们必须去经历、去体验。这实实在在的人生，还需要我们踏踏实实地走完。

生亦精彩，死亦美丽。人生在世一遭，就要尽心尽力地履行作为人该有的操守，完成该尽的责任与义务，才不失为顶天立地的人！这样当回首逝去的岁月时，才会无憾。点燃生命之灯，让我们来奏响生命的强音，如海浪的执着，搏击在生命的旅程！

幸福面对面

珍惜全部的拥有，就是最幸福的人。

很多人一直在追寻幸福，渴望拥有幸福，甚至一生都在寻寻觅觅，其实很多幸福都在我们的生活中，而我们却在浑然不觉之中让幸福从我们身边溜走。幸福就在平凡的生活里，就在一粥一饭里，就在他人一个善意的微笑里，在一句真诚的问候里，就在每一个琐碎的日子里，其实，幸福是时光的伴侣，一直就在我们的身边静静地流淌。

生活也许平淡如水，但平淡中散发着缕缕清香，在一双善于发现的眼睛里，一切都变得栩栩如生、温馨可感。带着一颗敏锐的心灵去感知周围的世界，我们会懂得很多，也会欣悦许多。花开有声是幸福在绽放，树苗拔高是幸福在成长，余音绕梁是幸福在环绕。当我们把幸福比作香醇的美酒时，幸福就是那份酣畅；当我们的思绪在云间漫步时，幸福就是那份安闲；当我们享受风儿的轻拂，幸福就是那份轻松；当我们和家人围坐共进晚餐时，幸福就是那份和乐。幸福是孩子们在尽情玩耍时回荡天际的笑声，幸福是满头银发的老人携手夕阳的风景……

我们常常会对自己所拥有的一切漠然不知，却一直在苦苦地追求着自己未曾拥有的，并感叹触摸不到幸福的高度，眼中只有别人的幸福，长久地忽略了一直就围绕在自己身边的幸福，在自己的幸福中迷失了自我，把快乐遗失了。

我们的生活样式，就像一幅油画。从近处看，看不出所以然来，要欣赏它的美，就非站远一点不可。幸福没有悬挂招牌，我们往往是与幸福面对面却不认识它，往往是身在福中不知福，如果我们站在别人的角度来看自己，就会发现我们竟然是别人眼里非常幸福的人。

漂泊异乡的游子魂牵梦绕的是和亲人围桌吃饭的温馨，可是我们有为自己可以每天和亲人一桌吃饭，不需承受分离之苦而感觉到幸福吗？身受病痛折磨的人在呻吟声里期待着早日脱离病苦、重新拥有健康，可是我们有为自己每天可以无病无痛、能吃能睡、能蹦能跳感觉到幸福吗？在硝烟四起、战火纷飞中，连生命都得不到保障的人们，多么希望空气中火药的味道永远地消失，可是当我们每天清晨，梳洗一新，呼吸着清新的空气，迎着初升的阳光，脚步轻松地行走在上班的路上时，我们感觉到自己的幸福了吗？

其实，我们还有很多很多的幸福，它一直就陪伴在我们的身边，只是我们没有发现它而已。蓦然回眸，我们能看见一路纷至沓来的幸福，虽然没有炽烈，虽然没有奢华，虽然没有刻骨铭心的印痕，虽然没有动听美丽的誓言，却那么的真切，恍然间才发现原来幸福一直都在我们的身边，原来幸福就在那点滴的生活里。我们因为幸福而快乐，因为快乐而幸福。只要我们不对生活期望过高，一定会发现幸福往往蕴藏在平凡的心境中。

不要感觉幸福总与我们无缘，其实，真正的幸福来得很简单。幸福，就在我们的身边。可是如果我们自己不去感受，即使它们存在，也跟没有一样。幸福是一种心态，也是一种感觉，幸福的前提是摆正好自己的心态。如果我们心情忧郁，那炎炎夏日里我们听到的蝉鸣是无奈，看到隆冬的飘雪是寒冷，小路上的野草是荒凉；如果我们是心情愉悦，那么会听到树林里知了在鸣唱着快乐，看到天空中的雪花飘洒的是浪漫与美丽，路边的小草展示的是坚强和执着。

其实生活中的幸福与年龄、性别、家庭背景无关，而是来自于一份轻松的心情和健康的生活态度，而且重要的是守望今天的幸福。或许，幸福的模样，就是现实中没有止境地忙忙碌碌，就是寻寻觅觅里回眸凝望的那一瞬清闲。它潇潇洒洒吟咏着大江东去，它对镜自怜慨叹着青春不回。官是心中的一首诗，悄然延续着岁月写不完的浪漫；它是唇边的一抹笑，甜美地滑落着轮回的四季。

很多时候，我们感觉不到幸福，是因为我们把幸福的门槛建得很高，把自己挡在了幸福的门外。笨人寻找远处的幸福，聪明人在脚下播种幸福。幸福的人不会为了幸福去追求那些他们没有的东西，他们学着从自己拥有的事物里获得幸福，他们学会了满足的艺术，满足于自己所拥有的，就能变得快乐。不要去追求那些不切实际的所谓的幸福，野心终止了，幸福就开始了。幸福没有高度，只要每天都以知足的心态看待自己的生活，以全新的眼光注重并安享现有的一切，就会发现幸福时时伴随身边，温暖与幸福是一种感觉，感觉到了，便是拥有。珍惜全部的拥有，就是最幸福的人。

平安是一种财富，快乐是一种收获

当岁月如水般逝去，我们已经走到了人生的暮年时，回头再看，会发现平安是这一生最大的财富，快乐是这一生最大的收获。

生活是什么？生活因为它的内涵博奥深邃，外延宽泛无边，让人们很难给它一个确切的定义，也很难用文字的形式给它一个准确的诠释。细细品咂和琢磨，或许只能用深深浅浅的脚印去表达，用虔诚的心灵去参悟。对生活的理解，常常是仁者见仁智者见智，从来都不会是千篇一律的。

勤奋者说生活是树上悬挂的累累硕果，懒惰者说生活是秋天枯黄的落叶；进取者说生活是一座取之不竭的金山，保守者说生活是一眼临近干涸的山泉；得意者说生活是一束鲜花、一杯美酒，失意者说生活是一簇荆棘、一方杂草；乐观者说生活是一曲悠扬的小调，悲观者说生活是冬天瑟缩的枝条……

男人襟怀坦荡，胸纳山川河流，认为生活就是豪情万丈、天马行空；女人柔情似水，满眼的浪漫迷离，认为生活就是清风徐徐、杨柳依依；少年稚嫩天真，满怀憧憬和向往，认为生活就是寓言般美丽、童话般神奇；青年人热血沸腾，激情奔放，认为生活就是洒落一地的灿烂阳光；老年人风雨沧桑，饱经世态炎凉，认为生活就是一部耐读、厚重的书，每一行都浸润着深沉的思索，每一页都闪烁着智慧的灵光。

无论生活是什么模样，是平平淡淡，像小溪水一样静静流淌，还是轰轰烈烈，像大海一样总有波涌浪叠。或者平凡得像一株无名的野花，或者有过牡丹一样的明媚灿烂。无论是平庸的一生，还是辉煌的一生，只要我们最终走到了人生的百岁之年，我们就应该庆幸，因为我们毕竟这一生平安地度过了。因为平安，才拥有了百年的岁月，因为拥有了这百年的岁月，才拥有了精彩的一生。

平安是生活给我们最美丽的笑脸，平安是朋友给我们最温暖的祝愿，平安是家人最亲切的牵挂。平安就像阳光，我们需要它的护佑；平安就像空气，我们依赖它生存；平安就像水，我们需要它的滋润。

平安是一种平凡，却不是平庸，平凡的人也有着自己的个性与自尊，有着不平凡的、催人泪下的故事。母亲最平凡也最伟大，她把全部的爱无私地奉献给了儿女们和家庭；劳动者最平凡，但正是他们铸造了万里长城的辉煌，谱写了人类几千年的文明史篇。平安是一种平淡，平淡有一种质朴纯美的意境，是生活的真实，是生命的真谛。

有了平安才会有笑语常在，有了平安才会有家庭的幸福美满，有了平安才会有企业的兴旺发达，有了平安才会有国家的繁荣昌盛。平安就如一根七彩的丝线，把这些美好的愿望一一地连接起来，构成一幅祥和、美好的图画。

这一生不必苦苦追求平步青云、名利双收，抑或是金榜题名、名满天下，因为这一些未必会给我们带来快乐。如果有钱却没有一个好胃口，日日山珍海味，也还是吃不出香甜可口。没钱却身体健壮，五谷杂粮也能吃得津津有味。即使住进帝王式的庄园，享受豪华装修，睡在宽广舒适的大床上，如果患有失眠症，睁着眼睛等天亮，滋味也是不好受。心中无事，硬板床上也能香香甜甜地一觉睡到天亮。

当我们每天迎来第一缕曙光，又送走最后一道霞光，当我们在烟花中迎来了新的一年，又在鞭炮声中送走旧的一岁，生活平淡却也平安。正是有了每日的平安才有了日日新的生活；正是有了每岁的平安，才有了岁岁的收获。

一日复一日，一年复一年，怀着不急不躁的心境，踏着不温不火的步履，干着不大不小的事情，过着不咸不淡的日子。喝喝清茶下下棋，晒晒太阳聊聊天，看云卷云舒、日出日落，平平淡淡而来，安安详详而去，寻常的日子虽无波无澜、无惊无险，却也美滋美味。当岁月如水般逝去，我们已经走到了人生的暮年时，回头再看，会发现平安是这一生最大的财富，快乐是这一生最大的收获。

幸福零距离

幸福在哪里？梦里寻他千百度，蓦然回首，原来幸福就在我们的身边。

幸福是生命的一种香味，是一颗歌唱的心的和声，所以人人对幸福都有祈求和期盼。但香味是不会持久的，所以幸福终会散去。世界上没有绝对的幸福，也没有永恒的幸福，它是一种感觉，需要去感知，需要去珍惜。

每个人都在追求着自己的幸福，每个人的幸福也不一样。幸福，不一定是宏图伟业，不一定是锦衣玉食，更不是完美无缺。满脸汗水的农民的幸福，在于饱满的谷穗；苦心孤诣的文人的幸福，在于精粹的文字；思乡怀亲的游子的幸福，在于久别重逢的团聚；耄耋老人的幸福，在于子孙绕膝的天伦之乐……

谁都有过幸福的经历，可是不知不觉中，我们忘记了幸福就在心中，却为了拥有幸福的条件而四处奔忙。这时，我们早已忘记了把握现在的幸福。

有一个小故事，说有一位哲学家见一位渔夫在海滩上晒太阳，便奇怪地问："你怎么不去捕鱼？"

渔夫说："我已经回来了。"

哲学家说："为什么不多捕一船？"

渔夫答："我们吃喝够用了。"

哲学家说："多捕鱼可以多存钱呀。"

渔夫摇头道："存钱干什么？"

哲学家算道："如果你每天多捕一船鱼，十五年后就会买很多船。"

渔夫懒洋洋地说："那又怎么样？"

哲学家认真地说："那时，你就可以安安稳稳地躺在海边晒太阳了。"

渔夫说："我现在已经安安稳稳地躺在这个海边晒太阳了。"

由此可见，幸福不是一种刻意的追求，而是一种淡然、一种知足、一种个人的感觉。生活中我们往往会为了获得自己想象中的东西而拼命地去追求、去寻找，可当我们绕了一个圈子之后才发现，其实我们真正需要的就在身边，它就是那些平时被我们所忽视的东西。幸福与否不能靠金钱的多少来计算，也不能靠事业的成功与否来衡量。一位百万富翁的幸福未必就比一位生活简单的渔夫的幸福多，而一位功成名就的企业家的幸福也不一定就多过了一位普普通通的小市民，幸福的笑容从不会因身份的尊卑贵贱而失去它明媚的光芒。

通往幸福的那扇门其实一直是虚掩的，只要内心充满爱，轻轻推一下，就会打开那扇通往幸福的门。百般挑剔，力求完美，实际上正与幸福背道而驰，因为幸福需要宽容、需要理解、需要真诚、需要付出。幸福不是来自于自私而是无私，让自己幸福的第一秘方是让别人幸福。

生命最美的音乐是慈悲。当我们用真心去关心、去爱护他人时，我们自己也会获得一种幸福的感觉，这种感觉像一缕花香，当花开放在心灵深处，只需微风轻轻吹动，便能散发出悠远的、让人陶醉的芳香。带点傻气，带点憨态，带点厚道，这样的人即使不去刻意追求幸福，也总会在不经意间与幸福撞个满怀。太过精明，眼中不揉沙子，事事较真，把什么都看得那么明白的人，即使努力去追求幸福，幸福也会与他擦肩而过。

真正的幸福，不是刻意去剔除对方身上那一点点微不足道的瑕疵，而是要把握好自己手里的那一颗实实在在的珍珠，学会包容与珍惜。然后，才能从彼此心灵的和弦里感受到真正的幸福。拥有时不觉得是幸福，失去后才发现原来自己曾经一直都被幸福包围着。幸福永远不会光顾那些不珍惜自己所有的人，因为不懂得珍惜，幸福就会在我们的指尖间不经意地转瞬即逝。

幸福在哪里？梦里寻他千百度，蓦然回首，原来幸福就在我们的身边。拥有幸福的人一定要有一双善于发现的眼睛和一颗懂得珍惜的心。因为总有一种幸福属于我们，或许就在身旁，或许在某个角落。如果，你还在为那一份不属于自己的幸福而流泪，那么请忘记它吧，真正的属于你的幸福正在某一个角落静静地等待着，而懂得感受幸福的人比追求幸福的人要幸福得多！

我们的生活，其实从未离开过幸福，它就在我们的生活里，在你我的身边，默默地为我们庇护那份宁静与安宁。幸福需要我们静心地去品味，用心领悟其真谛，而你会发现，离幸福最近的就是我们自己，幸福就在你我身边，幸福从这里开始蔓延……

幸福相伴

其实，幸福就是知足常乐。知足常乐，有爱相伴，就是幸福。

人们经常在思考着幸福，谈论着幸福，追求着幸福。然而，究竟什么是幸福呢？幸福又在哪里呢？

在不同的年代，不同的历史时期，人们的幸福观不一样。并且不同地域、不同职业的人，对幸福的看法也不一样，甚至同一个人处于不同的境界或者在不同情绪的支配下对幸福的理解也会有所不同。

有人说幸福是财富，而反过来财富仅是幸福的保障，却不是幸福的充分条件。一味地追求财富或者向钱看，而不关心自己的内心，忘却“头顶灿烂的星空和内心崇高的道德律令”，无疑是舍本逐末之举。拥有健康，保持精神的高贵和心灵的丰盈，才能真正走进幸福的境界。

在战争的年代里，幸福是和平；在和平的年代里，幸福是快乐。在饥荒的年代里，幸福是温饱；在温饱的年代里，幸福是富饶。在小孩的眼里，幸福是长大；在大人眼里，幸福是童年时的无忧无虑。在流浪者的眼里，幸福是有一个温暖的家；在有家的人眼里，幸福是全家人的和睦相处。在病人眼里，幸福是健康；在健康人眼里，幸福往往又会各不相同。

幸福其实很简单，累了有张沙发歇歇、饿了有一顿饱饭吃、渴了有杯白水喝、冷了有床暖被盖、伤心时有臂弯靠……幸福总是在平淡中涌现，暖暖一生。这样的平淡生活其实很丰富，很温暖，很幸福。

幸福的含义虽多种多样，各不相同，然而，开启幸福之门的钥匙却只有一把，而且这把钥匙就掌握在我们每个人的手里。为理想而拼搏，用辛勤和智慧就能打开这扇幸福之门。

滚滚红尘之中，人们忙忙碌碌，行色匆匆，为的是什么呢？说到底，他们都在追求着各自心中的幸福。可是，幸福到底在哪里呢？

幸福像一阵风，就在我们身边，就看我们有没有感觉到。很多人还来不及感受，刚才的风就吹过了；有一些人感觉到了，所以心怀感恩，走在人生路上，看到别人幸福，他也会从心底里笑，这是只有真正懂生活的人才能感受到的幸福。

虽然人人都渴望幸福永远，可事实上，幸福短暂才是人们常有的体会。这是因为，事情都有两面性，你越想得到幸福，它可能越远离我们；当我们顺其自然，保持一种良好的心态时，幸福就会常伴随左右。其实，幸福就是知足常乐。知足常乐，有爱相伴，就是幸福。

幸福是当早上醒来，发现美好的一天开始了；幸福是当我们走在回家的路上，想起某个朋友或同事讲的笑话，一路笑到家；幸福是当我们晚上觉得孤单的时候，可以找个朋友倾诉。其实，幸福的人时时都能感到有人在陪伴左右，心中有爱，思想充盈，不会孤单。

幸福的底线其实就是不贪婪，不去做那些无谓的假设，也不去奢求那些不切实际的妄想。要常常心存感激，感激那些带给我们快乐的人，哪怕那种快乐只有一丁点，只是极短暂的一瞬。想要很多很多幸福的时候，幸福是一个魔鬼，因为贪婪是得不到幸福的。当我们不那么贪得无厌的时候，幸福就是一个天使，他会时常陪伴我们的左右，幸福相伴我们一生。如果给幸福划一道浅浅的底线，那就是拥有健康的身体和心理。

幸福很简单，它来源于生活的点滴，只要我们用心去感受它，它就会出现在我们生命的每段历程中，伴我们一生，直到永远。

幸福在哪里

朋友们，只要你以一颗平常心看待幸福，幸福就在你眼前，幸福就在我们每个人的心里。

走过人生的旅途，看看这大千世界，我们不难发现，忙碌几乎成为了大多数人生活的主题，年复一年，日复一日地循环着。期间夹杂着些许快乐，更多的却是孤独、寂寞和忧愁。很多时候，我们单纯地想到要寻找幸福，却往往忽略了去追问幸福本身的含义和怎样才能拥有幸福，似乎幸福只不过是生活条件到达一定程度就会自动拥有的一种境界。经历了许多，才发现，幸福其实只是一种思维，是一种需要人们学会和掌握的思维。

生活中，忙碌的人们也许会认为幸福就像是一种资格，一个证件，一个合格证，以为通过自己的努力，过了某个坎，或者通过某个考试，幸福就会自动降临到自己身上，就会自动找上门来。其实不然，幸福作为一种思维，是一种知足的心理状态。腰缠万贯的人不一定幸福，身无分文的人不见得不快乐，生活中不同的人会有不同的幸福。

虽说人生来是平等的，但环境差距却是生来就存在的。我们无法选择自己是否富有，就如无法选择自己的父母，但是，我们都一样可以拥有幸福的思维，寻找自己的幸福。

对于幸福，不同的人在不同的处境中有各自不同的看法、不同的感受。对饥寒交迫的人来说，只要有一顿饱饭就是最大的幸福；对疲惫不堪的人来说，只要能美美地睡上一会儿，就是幸福；对孤苦伶仃的人来说，能有个亲人相伴就是幸福；对心灵孤独的人来说，只要能找个愿意倾听他心声的人就是幸福；对迷路的人来说，只要能遇到个热心人帮忙指路就是幸福……

在现实生活中有太多这样的偶然，不同的人会抱着不同的心态来获取幸福。会生活的人就会处处找到幸福，不会生活的人，总认为处处都是坑坑洼洼，幸福离自己总是遥不可及。其实，只要我们用心去寻找幸福，幸福就会向我们招手。

对于住在城市的人来讲，好多人认为，幸福的标准就是：有个美满的家庭，有份好工作，家里电气一应俱全，老少安康。可事实是，不是每个城里的家庭都能达到这样的标准。这样我们就要调整好心态，降低标准找到自己的幸福。而且，外在的物质财富决定不了幸福的取向，幸福在于我们内心的感受，只要我们自己认为快乐就是最大的幸福。

对于住在农村的人来说，虽然粗茶淡饭，但一家老少围着一个小圆桌，吃着自己种的粮食和蔬菜，也是其乐融融的。尤其是脱离了城里的喧哗，置身于乡下青山绿水间，是多么惬意的享受。最美的还是夜晚，在满耳的蛙鸣声中入眠，那是城里人享受不到的幸福。清晨睁开眼，满目都是青的山、绿的水，一派明丽的春光，多美啊。这份安逸和宁静，又何尝不是幸福呢？

所谓幸福都是由千万个寻常日子组成的，而幸福的事情就是寻常的日子依旧。能买上称心如意的商品，能吃上想吃的蔬菜和水果，能享受到能力之内的享受，无病无灾，快快乐乐过好每一天，这就是最大的幸福。

幸福就是寻常的人儿依旧。年少的时候和同龄的伙伴嬉闹，年轻的时候与同事们谈天说地，年老的时候和朋友们一起回忆往事，这都是幸福。

幸福其实只是一种感觉。——是在荒无人烟的黑夜突然见到一缕亮光的惊喜，是历经风雨漂泊后终于抵达港湾的轻松和安逸，是苦涩之后的甜蜜，泪水之后的笑颜，甚至它还是粗茶淡饭中过滤出来的温馨。朋友们，只要你以一颗平常心看待幸福，幸福就在你眼前，幸福就在我们每个人的心里。

幸福坐标

生活是一面镜子，你对它笑，它也对你笑；你对它哭，它也对你哭。

记得有句名言这样说：幸福的家庭都是相似的，不幸的家庭各有各的不幸。或许有一定的道理，但也不尽然。更何况，有些表面幸福的家庭，其实只是做给别人看的。华丽的外表下，有着不为人知的心酸。表面和睦的家庭是很多，可真正幸福的又有几个呢?

幸福不是攀比，攀比的人永远都不会幸福。因为人比人气死，货比货得扔。如果真像小品里范伟说的：当我饿的时候，看见你手里拿着个肉包子，你就比我幸福；我冷的时候，看你身上穿着件棉袄，你就比我幸福。如果真是那样，幸福也太简单了！何况，只看见别人比自己幸福的人，只会失落和不满，而不会感到幸福。而反之，和不如自己的人比较，或许更容易感到优越感，可是那样就感觉幸福了吗？未必，因为这种感觉只是阿Q精神胜利法的幽灵在作祟。

幸福是精神上的一种极大满足。当你期盼已久的愿望得以实现的时候，你会感到幸福。幸福也是满意的表现，对现状，对家庭，对工作，对自己周围的一切，都感到满意。不满现实的人，是谈不上幸福的。

幸福是一种很虚无的东西。看不见，摸不着。好像无处不在，却又难以抓住。或许抓住了，但一不小心，又会悄悄地从你的指缝间溜走。就像手心抓着把沙子，攥得越紧，流失得越快。或许越在乎的东西，越容易失去吧。当我们张开双手时，眼前的世界是那么的真实，整个世界就在自己的掌心，当我们握紧双手时，手心里却空空如也。或许，人的心灵真能和宇宙间有感应。而这种感应往往是反的。你想要的东西往往得不到，你害怕的东西往往能不请自来。既然如此，我们还是坦然面对的好，从从容容地迎接每个日出日落，坦坦然然地面对每个花开花落的季节更替。

幸福也因人而异，每个人的幸福都是不尽相同的。对爱慕虚荣的人来说，有钱和有权的人，是幸福的，也是让他们羡慕的，甚至为了得到金钱和权势，他们可以牺牲一切，等到了真的得到时，又有了新的欲望，幸福感稍纵即逝。对淡泊名利的人来说，粗茶淡饭的生活也是幸福的，他们内心平和充实，情有所依，爱有所托，重视精神世界更甚于物质，所以，他们的幸福更长久。

幸福也是阶段性的。曾经向往的生活，当你牺牲了很多东西，费尽艰辛好不容易到手后，或许你会后悔，因为你干辛万苦一直往山顶攀登，沿途的美景从来没来得及欣赏，错过了红了的枫叶，错过了美丽的云海，到了山顶，却发现，只是光秃秃的一片，空留个高处不胜寒。闪光的未必都是金子，可人们却常常会迷醉于表面。而此时，上山容易下山难。有些东西，失去了却再也找不回来。所以，追求的过程是才最美好的，而这往往被人们忽略了。

那么，幸福是什么呢？说了这么多，幸福其实很简单。幸福就是沙漠中跋涉的人们发现了绿洲；就是旅途疲惫的人看到了家门；就是远游的丈夫归来后看见妻子倚门守候、翘首以待；就是爱人递过来的一杯热茶，或者一盆热乎乎的洗脚水；就是突然懂事了的儿子给辛劳的父母捶会儿背；就是操劳了一辈子的老人看见儿孙绕膝，热闹团圆；就是辛勤授课的教师看见自己的学生学业有成时的欣慰；就是辛苦锻炼的运动员拿到了奥运金牌，站在领奖台上，看着国旗冉冉升起时流出的眼泪……

享受幸福是需要学习的。你要有一颗知足的心，还要善于发现生活中的每一个动人的时刻，把它珍藏在记忆里。宁静所以致远，知足才能常乐。常怀着一颗感恩的心，去对待身边的每个人，磊落行事，无愧于心，幸福和快乐自会常伴你身边。生活是一面镜子，你对它笑，它也对你笑；你对它哭，它也对你哭。世界是同一个世界，可在心情不同的人眼里，却是完全不同的风景。

也让幸福在无声

不同的生活态度决定着你的快乐和幸福，健康积极的生活态度会给你的生命带来雨露的滋润，而消极悲观的生活态度会让你的生命更加灰暗和苍凉。

人生百年，过客匆匆，我们行走在人世间，风雨兼程，握紧双手要穿越多少世俗的风霜。凄风苦雨中并肩同行，有着泪和伤害的疼痛。有着不离不弃的相伴和依恋。

人生在世，我们都喜欢阳光明媚的照耀，但也必须经历黑夜的来临。有些人害怕夜晚的到来，有些人甚至在诅咒黑夜。我不那么认为，黑夜是大家的，是公有的，我们没有权利去诅咒它。换个角度看，黑夜也有它的美丽。

夜静静地躺在宇宙的怀抱里，轻轻地发出甜甜的打鼾声。此刻我们会感觉到自己的心跳，也能感觉到夜的寂寞之美，我喜欢这样的夜晚，静静地梳理自己的心绪，聆听自己的呼吸，感受生命的美丽，感悟生活的幸福。

常有朋友问我，幸福的味道是什么？幸福的感觉是什么？我也常常对他们说：“幸福的感觉其实就在你心里面。”我常常觉得，幸福是自己的，快乐也是自己的。在很多的时候，我们常常把快乐幸福与别人相连在一起：亲人的痛苦就是我们的痛苦，亲人的幸福就是我们的幸福，朋友的悲伤就是我们的悲伤，朋友的快乐就是我们的快乐，孩子的未来就是我们的希望……这些都是我们中华民族几千年留下的美德，是我们现代人应该遵循的一种生活规则和态度。幸福的味道是什么？在我看来，幸福的味道就是给别人幸福时的感觉，而这只有自己才能感觉到。

幸福的感觉是什么？我一直以为幸福的感觉就是自己给自己找事做，自己给自己找快乐。“人生不如意事十有八九，常记一二，忘记八九。”就是记住生活中最快乐的一两件事，忘记生活中最痛苦的八九件事。这样你才可以有自己的一种生活态度，而这种生活态度，会让你勇敢地生活下去，也会让你的生命更加坚强和快乐。

“予人玫瑰，手有余香”，给予别人快乐比自己得到快乐更幸福。在朋友困难的时候给他一点帮助，他就会渡过难关，获得人生的幸福；在亲人痛苦的时候，给他一丝丝的安慰，他会感觉到幸福的味道。

幸福的感觉有时也是一种体验，不要以别人的态度来决定自己的心情，他人的冷漠不一定就是对自己的不满，自己开心、快乐才是生活的主题。自己开心、快乐才能给这个社会增添一份轻松和自在，自己开心、快乐才能给周围的人带来愉悦。

徘徊在幸福的感觉里，常常有一种快乐健康的心态。因为幸福，所以简单；因为简单，所以平凡；因为平凡，所以有爱；因为有爱，所以幸福。如果说幸福的感觉人人都有，这也许是一个谬论。世界上没有相同的人，也没有一模一样的幸福，世界上没有相同的爱，也就没有十全十美的幸福。在这个世界上，有着不同的痛苦和悲伤，生活的压力，生命的艰辛，使每个人都或多或少地体会到伤痛。就像没有完美的爱情一样，亦没有完美的幸福。

幸福是一种态度，它没有一定的方向，也没有不变的格言，它在自己的感觉里，在自己的意念中，在每一个人的心里。如果你感觉生活是美好的，那你就是幸福的，如果你感觉自己是快乐的，那你也是幸福的。不同的生活态度决定着你的快乐和幸福，健康积极的生活态度会给你的生命带来雨露的滋润，而消极悲观的生活态度会让你的生命更加灰暗和苍凉。

选择什么样的朋友，就会有什么样的生活方式，就会有什么样幸福的感觉，就会有什么样的幸福理念。梦里寻它千百度，蓦然回首，幸福的感觉原来在我们每个人的心里面。漂泊人间本无名，也让幸福在无声。愿你的生活有一个幸福的感觉，愿你的生活中有爱的奉献。

悠悠人生路

行走在人生的旅途上，不必计较过去的得与失，对与错，爱与恨，也不必抱怨命运的无常和旅途的坎坷。

生命，很长，因为我们要尝尽所有的酸甜苦辣；生命，很短，也许一朝一夕就会瞬间陨灭。匆匆疾走的日子，有时是一樽烈酒，有时是一杯红茶；有时是一朵清雅的百合，有时是一支娇艳的玫瑰；有时是冷冷冬日里一片温暖的阳光，有时是炎炎烈日下一树浓密的荫凉。

悠悠人生路，从容谢铅华。行走在人生的旅途上，不必计较过去的得与失，对与错，爱与恨，也不必抱怨命运的无常和旅途的坎坷。与其纠缠于生活上的琐事，不如像云和水一样，从容地面对人生旅途中的花开花谢，沧海桑田，坚持自己的初衷，走着无悔的路，以一种安详的方式，从容地抖落一身灰尘，在一场夏雨的面前，让我们用感恩的心情勇敢生活、快乐生活，用爱来生活。

半生旅途

如果我们能够站在一个更高的角度来看，就会发现其实一切皆是非得非失，百年后都是云烟。

青春的案头，任意一张肆意纷飞的旧画面，都是落落年华揉碎的精彩剪影。时光沉浮，恍若一段平平仄仄的乱码章节；年华兜转，云淡风轻地匆匆翻到下一页。来不及怀念，来不及告别，就这样度过了旺盛奔腾的年年岁岁……

往事回首，烟雨蒙蒙，曾经属于自己的时光，无论多么辉煌，无论多么沧桑，都已成为过去，只要我们心怀一颗感恩的心，在心中看淡所有的得失。得与失之间谁能说得清哪一个对我们更有意义？得到了、成功了固然欣喜，失去了、失败了又何尝不是另一种收获？我们不可能永远都获得，也不可能永远都失去，得与失之间总有和谐相处的那一点，就看我们的内心如何去衡量。其实，如果我们能够站在一个更高的角度来看，就会发现其实一切皆是非得非失，百年后都是云烟。

人到中年，琐事缠身，能够以坦然的心境面对才是真正的睿智。静心思量，人生总是美好的，阳光总会如期而至，唯愿自己风雨中走过这平凡的路途后依然握紧了内心的善良，依然存着一份美好的愿望，对人间依然有一种深深的祝福。但愿所有的朋友们都可以放飞忧愁，让心灵徜徉于青山绿水之间，遨游于碧海蓝天之上，在生命的旅途中收获一路旖旎的风光。

用生命去体现生命

自然定律必定有其道理，万物都是阴阳交替生生相息的，有生就有死，有喜就有忧。

生命是脆弱的，像雪花一样随时可以消逝；生命是顽强的，像野草一样，“野火烧不尽，春风吹又生”。生命有两重性：从生物角度看，生命不是对某一物种，而是所有物种都是相同的，最终会回归大自然的怀抱；但从生命的意义上来说，生命与人生、生活密不可分，它有了平淡与辉煌，有了恩与怨的纠葛，有了爱与恨的羁绊。这样，生命便有了各种色彩，也给了生活各种思考。

在生活中思考生命，人生是那么精彩，可爱与可笑究竟不同在哪？天真和幼稚区别何处？是地点不同，还是时间、人物、心境？生命的意义不在于活得长、活得久，而是在活得精彩、活得充实、活得有价值。生命的意义在于奉献而不在于享受。奉献是不计报酬的给予，是“有一分热放一分光”，是“我为人人”。奉献付出的是青春，是汗水，是热情，是一种无私的爱心，甚至是无价的生命。奉献者收获的是一种幸福，一种崇高的情感，是他人的尊敬与爱戴，是自己生命的延长。

生命是一个过程，是一种体验，也许我们前世修炼了上千年才能来人世间走一回，花开花谢，春去春回，没有谁会因为自己停留的短暂而拒绝活着。自然定律必定有其道理，万物都是阴阳交替生生相息的，有生就有死，有喜就有忧。如果人间只有生没有死，只有喜没有忧，也就没有真正意义上的生死和悲喜了。——那才是真正的没有意义。

生命是短暂的，一个没有意义的生命是漫长而可怕的，只有用生命去体现生命，才能感受到生命的价值、生命的可贵、生命的伟大！

似水流年，浮生若梦

时光匆匆，稍纵即逝，没有岁月可回头。

朝花暮日，风景依旧，春去秋来，物是人非，似水流年，浮生若梦。一天天，一年年，岁月像风一样，在我们的指尖不经意间就过去了。

人的旅途中，有时阳光明媚，温暖如春；有时雪花飘舞，瞬间即逝；有时如梅花挺拔，不畏冰雪严寒；有时如昙花一现，经不起时间的考验而消逝。在我们人生中，不管遇上多大的困难和挫折，都要留心自己身边的每一次绽放，每一次的花香，每一次的辉煌，所有的一切都是我们有限的时光中最美、最宝贵的珍藏！春有暖风熏，夏有落雨赏，秋有菊花黄，冬有飞雪扬，只要是满怀希望的人生，每个季节都会弥漫着芬芳。

生活的歌谣时而开心快乐，时而忧悲愁恼，在漫漫的历路中，我们也许会失去一些自己珍爱的人或物，又或许会在彼处不经意间得到。即便是暂时地失去了，又如何呢？不过是得之我幸，失去我命，人生本来就是在得得失失中，如此而已。

当尘世中的风风雨雨让我们彷徨苦闷时，我们往往不知道等待自己的是什么，但是我们需要静下心来，相信每一个新的一天都会为我们掀开新的一页，每一个新的一天都会为我们带来新的希望，生命的希望从来不曾远离，就在我们敞开心扉、抬起头迎向阳光的那一瞬间。

也许生活中的希望若隐若现，也许在未知的远方，也许就在我们的不远处，只要我们不懈奋斗，不懈追求，光明和温暖也就不再遥远。在寒冷的日子绝不失望，风雨中更要坚强，无论遇到多大的失意和挫折，也要迈着坚定的步伐走向远方。经历了人生的风雨，才能历练生命的坚强，才能昂首面对灿烂的阳光！

人生没有一帆风顺的，都是生命的坚强在支撑着各种艰难困苦。生命就是平平淡淡又充满希望地活着，有了希望就有了未来，希望之花在期盼中绽放，理想之果实在期盼中成熟，岁月就在一代又一代人不断的期盼中渐渐灿烂，而人们也相信生活会越来越美好。

漫漫人生，遗憾有时，畅达有时；悠悠岁月，愁绪有时，舒心有时。既然月缺月圆，本自天然；悲欢离合，人生难免，何不任乍起的浮躁在阳光下稀薄，任清愁淡绪在微风里飘散，任梦幻的羽翼在蓝天下飞舞？在花开时欣然静赏，在花落时坦然面对，感谢生活的圆满，以优雅的姿态去品读我们的人生，以友爱的精神去对待我们的朋友，以豁达的心怀去善待我们的世界。

缱绻红尘，散淡人生，人生的悲与喜无从识别，得与失重重叠叠。人生没有完美，生活也没有完美，遗憾和残缺始终都会存在，穿越过岁月的风雨，才发觉已经失去的东西很珍贵，没有得到的东西也很珍贵，但世间最珍贵的还是去把握现在，去珍惜这似水的流年。时光匆匆，稍纵即逝，没有岁月可回头。因此，要做的事情就得赶快行动，别在明天依然空着双手，很多事情一旦错过就永远错过，甚至连后悔的机会也不给你一次。

岁月如歌，歌如旧，人生如黄河之水，奔流到海不复返。不要再挥霍自己的生命，不要再轻掷自己的年华，闲度的时光不会再来，逝去的青春无法再复返。日复日、年复年，时光未老，我们老了。所以无论还剩下多少的光阴，也许漫长，也许所剩无几，把握宝贵的每一分、每一秒，耕耘岁月，在学习中充实自己，在努力中完善自己，在追求中超越自己。别把生命交付给烦恼，交付给忧伤，交付给迷茫。相信生活，相信希望，远离昨日的沧桑，放飞旖旎的梦想，携一片生命的馨香，奔赴明天的辉煌！

岁月无语如静流

一切荣辱沉浮、是非恩怨，笑着面对，不去埋怨，风干过往，好好珍藏，且看飞雪曼舞，满树琼花又一冬。

韶光似水，潺潺不息，花开花落，冬来秋去，瑟瑟的风裹挟着冬的寒冷呼啸而来，尘世的风霜摇落了南国红豆，冰敷了天涯海内。一个人的生命犹如浩瀚的大海，不管风平浪静还是汹涌澎湃，一天一度的潮汐总把那些层层叠叠的日子留在岁月的沙滩上，有的苍凉有迹，深深浅浅；有的水过无痕，斑斑驳驳。这些有形的和无形的过往，就是琐琐碎碎的生活。

寒风袭来，大地经过春秋的繁华需要冬天休养生息，为的是来年的枝繁叶茂、春华秋实。人生也需要经历风霜雪雨的磨砺，为的是我们的人生更加坚强和完善。只有感受过疼痛后，步伐中才会有那种荣辱不惊的从容；只有经历过坎坷后，眼神里才会有那种面对纷繁世事的淡定。生活的艰辛、人生的不易，岁月的蹉跎、世事的变迁，生活就是五味瓶，酸甜苦辣咸样样不能少，否则生活就会失去很多味道。

岁月如同涓涓溪流，不声不响，就这样从自己手指的缝隙间悄然流走。浮生若梦，为欢几何？沧海桑田难为水，繁华落尽成悲凉。偶尔的一转身，一回眸，我们会发现往昔中那些曾被自己执着过的人和事，在滚滚红尘的车轮下已然在无声无息中化为了缕缕烟尘，不经意间便灰飞烟灭了。叩问一声自己：在这个滚滚红尘中，在这个熙熙攘攘争名夺利的人世间，我们到底得到了些什么？

穿透岁月斑驳的印痕，静静咀嚼这岁月的甘苦和时光的不再。在记忆的深深处，那些有过欢笑，流过泪水的日子，那些曾经的喜怒哀乐，点点滴滴，都那么清晰地呈现在眼前，永远定格在了每个人的心里，成为我们生命中一道独特的风景。

生活教会了我们如何取舍，如何从容、淡定地面对一切。经历的每一天，都是最真实的生活，我们在生活的历练里慢慢长大，渐渐成熟。成熟是一种明亮而不刺眼的光辉，一种圆润而不腻耳的音响，一种不需要对别人察言观色的从容，一种终于停止了向周围申诉求告的大气，一种不理会哄闹的微笑，一种洗刷了偏激的淡定，一种无须声张的厚实，一种并不陡峭的高度。

时光柔软，岁月静好，冬风依然在平坦而宽厚的土地上自由奔跑，头顶上依然是悠然流动的浮云，天空依然深邃而静谧，穿越了那些悲喜交织的过往，微笑并且怀念着前行。冬天的来临，也意味着春天在向我们靠近，因为，我们始终相信，这条踏实而坚定的路途，必定一路落叶纷纷，一路新绿葱葱。生活中的烦琐喜哀，不妨让它们在岁月里沉淀。静静地看着凋零的落叶悄然飘落，轻轻地触摸着冬的气息。拈一朵微笑的花，凝成一缕柔情，将冬天的深邃镌刻在生命的记忆深处，把人生的得失和感悟揉进呼啸的北风里。一切荣辱沉浮、是非恩怨，笑着面对，不去埋怨，风干过往，好好珍藏，且看飞雪曼舞，满树琼花又一冬。

倘若有来生

在痛苦无助的时候，在必须独自穿行在黑洞洞的雨夜时，在人生最苦难的关头，送一束鲜花给自己，给自己一个明媚的笑容，然后怀着美好的愿望生活下去。

时光匆匆，当岁月的年轮悄无声息地爬上额头时，我们才发现那些曾经的过往被我们疏忽得了无痕迹，以至于我们抓不住时间的尾巴。回首逝去的时光，丝丝感慨充溢心间，生活中有太多的无奈，也有太多的不尽人意，让我们做出了很多荒唐和无知的事情。

假若还有来生，我会把人生活得更加精彩和洒脱。倘若有来生，我希望能平静地忍受生活中遭遇的所有不幸；我会把那些紧紧相逼的困苦当作药剂，一口口地咽到肚子里去，细细地品味；我会安于生活当中那些无聊的清寂，参悟人生的真谛，从苦中品出甜来，以苦为乐，快意人生。

人生的道路本来就是起起伏伏，有高有低。要知道，大海如果没有了波涛汹涌，也就失去了雄浑；没有礁石就碰撞不出美丽的浪花；河蚌不经历磨难，就产不出璀璨的珍珠；不经历风雨，怎能见彩虹？要知道，没有挫折的人生，不是完整的人生；不能超越挫折的人生，不是成功的人生。凤凰涅槃、羽化成蝶，正是因为经历了强烈的痛苦，然后才有着震撼人心的美丽。

“自古雄才多磨难，从来纨绔少伟男。”生活本身就是矛盾而复杂的，快乐和痛苦也是相生相伴的。只有体会过巨大的痛苦，才能更深刻地了解快乐和幸福的滋味。只有失去过，才能感知拥有的幸福。输一回并不可怕，挫一回也无须忧伤，只要心中的原野没有冬季，即使大雨滂沱，即使冰封万里，又算得了什么？相信，终究会有雨过天晴的时候。司马迁在牢狱中完成了《史记》；勾践卧薪尝胆终成就一番大事业；曹雪芹在饥寒交加，居无定所的岁月里，写出了《红楼梦》；贝多芬在双耳失聪的情况下，创作了《第九交响曲》；轮椅上的总统罗斯福，身残志坚创造了美国政坛上的神话。

假如人间最糟糕的事砸在了我的头上，我不会再怨天尤人、哭天喊地，因为那样做没有任何意义，悲哀的眼泪很可能会淹没自己。世上也从来没有什么救世主，要走出困境只能自己拯救自己。

倘若有来生，我对生和死将不再疑惑。谁也不可能知道自己有多少个春夏秋冬，谁也无法确定自己的生命年轮，但生的那一刻就注定了死是必然。既然死是不可能避免地在前方等待我们每一个，那么就没有必要恐惧，一种必然会降临的结局，恐惧也没有用。我会把死当作一种暂别，不管是亲人的死还是自己的死，都当作一种短暂的分别，在某一个时刻，超越时空之外，我们仍会相见，只有这样，才能感知什么是似曾相识。

倘若有来生，我对胜败、荣辱、得失将更加从容。我们每个人来到这世上，都不过是浮云一朵，微尘一粒。我们不过是时空匆匆的过客，对于那些金钱、名利、权位等等都是生带不来，死带不去的身外之物。也许你曾闪亮，也许你一生黯淡，这都只是一个结果，终究都会烟消云散。所以胜败得失就随它去吧！斤斤计较，只会降低我们的人格，丧失我们的德行，可谓得不偿失。做任何事情都不要以成败论英雄，重要的不是结果，而是在过程中享受人生的充实，参悟人生的真谛。只要我们付出了最大的努力，我们就无憾人生。

倘若有来生，我还会一如既往地坚持人所应有的善良本性，因为，善良永远给人以美好的感觉，善良是维持人类生存和进化的最纯粹、最根本、最终极的力量。坚持善良，就会驱除仇恨，我们的生活就会幸福长在；坚持善良，就是坚持人性的本源，就是播种人类的明天。我会用自己的真诚和善良，感化那些伤害过我、恶意攻击过我的人，让他们忘记仇恨，找回走失的灵魂。人间三千事，一笑皆了之。用微笑来传达我们的善良，用微笑来泯灭人间所有的爱恨情仇、恩怨是非，让人间充满和谐、充满清凉，我们的人生也就更加的惬意和洒脱。

倘若有来生，我会更加珍惜生命里所有的爱。我们要感激天地、万物、人间的容留，我们要感激人伦情感的富足，我们要感激岁月的沉淀。我们之所以是我们，是因为他们深远的关切和包容。我们要以感恩的心去对待生命中所有的体验，珍惜生命中所有的邂逅，多施予少索取，多自省自律少谴责愤怒，让每个人都从我们的眼神中、话语里、行为上感受到真善美，而不要等死到临头了，再用苦涩的泪水和无谓的忏悔，回顾我们曾犯下的罪。我们要珍惜与亲人相伴、与友情同路的那些经历，在爱和被爱的过程中，我们要学会善良、仁慈和宽容，这将使我们变得越来越成熟和自信。

倘若有来生，我仍然不会后悔今生的选择。因为把握不好今生，很难说能把握好来生，今生是前世修的果，今生的所作所为造就了未来的光辉历程。所谓来生，下一个念头可能就是来生，把握好当下一念，就把握好了今生，把握好了今生，也就把来生掌握在了自己的手中。

世间路不平，但我仍会好好地走。明天怎么样不是太重要，重要的是坚强地走过今天。因为不是所有的付出都有回报，不是所有的演出都有喝彩。无论在什么样的困难面前都让自己充满阳光地看世界，在没有星光的暗夜里，自己去发光。在痛苦无助的时候，在必须独自穿行在黑洞洞的雨夜时，在人生最苦难的关头，送一束鲜花给自己，给自己一个明媚的笑容，然后怀着美好的愿望生活下去。

倘若有来生，我会笑着面对这所有。倘若有来生，再也不会放开友谊的手。

往事悠悠何处说，水月一梦尽繁华

红尘云烟，浮华即逝，往事再美好，都已经尘封，无须惦念；曾经再沧桑，皆已成浮云，不用挂怀。

星汉迢迢，光阴漫漫，当岁月如水般流逝，往事一幕幕在脑海里流转，也许是刻骨铭心的，也许是转身就忘的，无论是何种，过去的一页，能不翻就不要翻，翻落了灰尘会迷了双眼。人生匆匆，回头望望在路途上珍惜了得到的，祝福了失去的，那么在蓦然回首的刹那，虽然生活充满错落遗憾，但依旧赋予独特的美感，如山冈上那轮静静的弦月。

我们没有一个人能擦掉生活过的痕迹，同样也不能重新再生活一次。

不必苦苦追溯一段往事的意义，它发生了，它存在过，就是它的意义。很多事情，过去了就让它过去，不要抓住回忆不放，断了线的风筝，只能让它飞，放过它，更是放过自己。

有些事注定成为故事，有些人注定成为故人，有些路注定要一个人走。一些人，一些事，闯进生活，得到了，失去的，昨天的悲伤，今天的快乐，喜怒哀乐都要记得。当这一切都成了回忆，在我们记忆中又会留下了什么？很多事，过去了，很多人，离开了，经历得多了，心就坚强了，路就踏实了。

我们常常是自己说过或做过的伤害别人的事，有可能转眼间就忘得一干二净，而别人说过或做过的伤害自己的事却一辈子都记得清清楚楚，且无法原谅。活着是件不容易的事，既要承受种种外部的压力，更要面对我们自己内心的困惑。怀着一颗感恩的心，宽容待人，忘记别人的错误吧，这样走在人生路上会轻松很多。

我们都要记得别人对自己的好，哪怕一点点的好，也要怀在心里，当成一种感恩和一种铭记。而这种好，不是理所应当，而是出于一种善意与爱意，即使这种好包含着不纯粹的利益成分，彼此心知肚明。把自己的私心收起，虽然有时候付出和收获的不是正比，但是，无论如何要把善良坚持到底。

生活里，有很多缘分是转瞬即逝的，像在机场的告别，刚刚还相互拥抱，转眼已各自天涯、甚至有可能从此再无见面的机会，所以，很多缘分一定要珍惜。处世还是多些包容、多些理解，让自己的人生少许多遗憾吧。

人只要生活在这个世界上，就会有很多烦恼。但是，痛苦和快乐取决于你的内心。再重的担子，笑着也是挑，哭着也是挑。再不顺的生活，微笑着撑过去了，就是胜利。多笑一笑，你的人生会更美好，一定让自己微笑如花，只有具备了淡然如花的人生态度，任何困难和不幸才能被锤炼成通向快乐的阶梯。

红尘云烟，浮华即逝，往事再美好，都已经尘封，无须惦念；曾经再沧桑，皆已成浮云，不用挂怀。当初的故事如断了线的风筝，攥在我们手心的，只是一些或冷或热的回忆。走过了春夏秋冬，走过了繁花似锦，也走过了潇潇霜雪。没有人能够丈量自己的脚步，生活也没有前后眼。再回首，杂乱的路面，已无法确认印记的歪正，但是只要有口气，还得往前走。今天的征程已经起步，那无数的追寻和向往，在我们心头振翅欲飞。走吧，别回望，别眷念，别踌躇，冬季终究会过去，春意总会盎然。

人生无处不青山

以积极乐观的心态去对待消极的人生，和煦的风，绵延的雨，在我们的眼中便是万般风情，我们的人生一年四季也会因此绚烂而美丽！

花依然红着，柳也依然绿着，微风拂面，却感到有些微微的寒意。秋天就这么不加修饰地来了，一场夜雨过后，天空澄碧如洗，远山苍翠欲滴，大地孕育着湿润。

秋天是收获的季节。天高云淡，菊花正黄，处处洋溢着秋思的浪漫；飒飒秋风涤尽胸中的积郁，让人神清气爽。这样的时节，天，蓝蓝的，澄清如碧；风，柔柔的，和煦多情；云，悠悠的，缥缈舒卷。无声的流水，葳蕤的草木，雀跃的小鸟，烘托着丰收的希望，无一不让人觉得闲适而恬淡。秋风乍起，落叶归根；静水东流，孤夜月明。在很多人眼里，秋天给人一种悲凉、寂寥的感觉。很多人在这样的季节里会伤春悲秋，会在这样的时节里感叹生命的无常。

“自古逢秋悲寂寥，我言秋日胜春朝。”在不同人的眼里，秋天会是不同的景象。如果你悲伤，那么它便是一个蜷缩在角落，让人悲悼的秋；如果你伤感，满地落叶，急煞的秋风铺天卷地，疾风飒然，到处酝酿着离别的气氛，却道尽是离人泪，那么秋，将是一个离别之秋；如果你赞美秋的果实，赞叹秋的收获，那么它就是喜悦的季节，稻田一望无垠，风过浪涌，遍地金黄，锦绣前程，收获皆满，我们看到的是一个喜气洋洋的收获之秋。

人的一生就像一朵彩云，一缕清风，在不经意间伴我们走过了人生的四季。我们需要春天的和风，夏天的细雨，更需要秋天的收获，这是人生最灿烂的季节，也是我们一生价值所在。不经历秋风秋雨的洗刷，我们的人生就少了一抹绚丽的彩虹；不经历秋天，我们就不会拥有走向成熟的思想；不经历秋天，我们就不会撷取饱满的成功；不经历秋天，我们就品尝不到收获的欢欣与甘美。坦然面对一切，面对现实，接受失败，经历挫折，领略四季，感受风雨。这才是完整的人生之路，只有经风历雨才能体悟人生的真谛。

岁月的风尘夹杂着寒霜，也会将希望凋零。就像深秋即将来临，寒风横扫落叶，繁华瞬间落寞。但落叶化作春泥还护花，萧瑟的深秋又何尝不蕴涵着生机无限？用辩证的眼光看，秋也是新一轮生命的起点。以积极乐观的心态去对待消极的人生，和煦的风，绵延的雨，在我们的眼中便是万般风情，我们的人生一年四季也会因此绚烂而美丽！

秋天是收获的季节，收获喜悦，收获希望，收获人生旅程中每个时节的经历，这也是我们一生的财富。采集一片枫叶轻轻夹在书中，让时光永远留在我们记忆的深处。岁月倏忽，又是仲秋。清清的花香，充满这世界，好像是一个最美的预言，这个世界将会迎来又一个充满希望的轮回。

人活一辈子

人之所以为人，就应该体验和感悟人生的整个过程和这个过程中无情或有情的每一个细节。

人生一世，草木一秋。走过百年人生，可能感觉很漫长，但相对于无边无际的虚空，它是那么短暂，可谓转瞬即逝。如何把握我们的一生呢？人生有太多太多的无奈，为寻不到知己而失落，为不敢面对现实而装傻，不快乐、不自在的事情总是在等着我们。有些人我们有很多机会相见，却总找借口推脱，想见的时候已经没机会了；有些话我们有很多机会说，却想着以后再说，而要说的时候，已经没机会了；有些事我们有很多机会去做，却一天一天推迟，想做的时候却发现机会没了；有些爱给了我们很多可以表达的机会，却不在意、满不在乎，想要表达的时候，已经没机会了。太多太多的无奈弄得我们很伤感，不明所以地会生气，会叹气，会感觉到很无助。

人活一辈子，会遭遇多少无可奈何的事，邂逅多少形形色色的人，不到最后一刻都是无从得知的。我们的错误之一是在该首肯的时刻却违心地缄默，从而让漫长的余生都浸泡在悔恨当中。或是在我们不留意的欢快当中，那些一生中唯一的机会与缘分已沉默地与我们擦肩而过。人活一辈子，就是活在自我与环境的矛盾当中的。所以我们要好好地珍惜眼前所有的一切，珍惜眼前所有的人，不要把希望寄托在遥不可及的未来。

人生就像一杯水，洒在地上转瞬间就和泥土化为一体，烟消云散。光阴如此短暂，生活中那些无聊事，根本不值得我们花费宝贵的时间去生气。在生活中我们都有过为琐事生气的经历，无非是为了争高低、论强弱、分胜负……可争来争去，谁也不是最终的赢家。当我们闭上眼睛和这个世界告别的时候，我们和普天下所有的人一样，一无所有，两手空空。

人生数十载，来去匆匆，带不走尘世间的任何一件俗物。命运之轮在不停地流转，自始至终不曾为任何一处景象而停留，唯独抹不去的记忆，伴随我们的一生。也许她很美好，也许她很苦涩；也许她平淡无奇，也许她丰富多彩。但是，她是我们一生一世所拥有的财富，是我们一生的收获。记住那些该记住的，祝福那经历的所有，把美好的时刻保留到人生的最后一刻，让开心和快乐伴随我们的一生。

人生在世不可能一帆风顺，难免会遇到风雨和坎坷，难免会遇到磨难和挫折，这就是人生。而这风雨的洗礼和冰霜的磨砺是上苍对我们的考验，它是对强者的奖励，它会使我们的素质得到提升，它会使我们的品格更加高尚，它会使我们心灵更加坚强。也许我们会失败，也许我们的事业没有成功，其实成功的标准没有一个统一的尺度，每个人都有自己不同的衡量标准，只要我们努力了，尽心尽力了，我们就不会后悔。失败也不要气馁，跌倒了爬起来，只要不失信心，成功就在下一个时刻等着我们。其实，人生就是一个过程，我们在这个过程中，只要学会了坚强，所有的一切都是为下一个成功做好的准备。

每个人都会有成功和辉煌的时候，但是，这个时刻不会恒久，辉煌过后终将归于平淡，我们要保持一种清醒的头脑，闲看潮起潮落，淡观云卷云舒，用平常心去对待人世间的荣辱得失和恩怨情仇。

当走过漫长的岁月春秋，生活积淀下来的只剩下刻满伤痕累累的记忆时，当日夜为生活所忙，为情感所累，走过一段路程，驻足回首而望时，我们总会发出人生苦短的感慨。其实，人之所以为人，就应该体验和感悟人生的整个过程和这个过程中无情或有情的每一个细节。人就这么一生，生命就这么一次，该说的话说出来，该做的事抓紧去做，很多事情错过了，就永远回不来了。好好把握，珍惜上苍给我们的每一次机会，不要让有限的人生留下太多的遗憾。只有把握生命的瞬间，才能获得人生的永恒。

生命是永远，也是短暂

幸福需要我们去珍惜去善待，我们没有理由不去快乐，也没有理由一直去烦恼。

草木本无意，荣枯自有时。世间万物兴败皆自然，又何况是人呢？放眼望去，古人、今人长则不过百年，短则几年、十几年便离世，生命又何谓永恒之说？“盛年不重来，一日难再晨，及时当勉励，岁月不待人。”古人对于生命总是叹咏其短暂，心怀无奈，郁郁而终。生命之中到底什么是短暂，什么又是永恒呢？

对于有形的生命而言，生命是短暂的，无论持有者是彪炳千秋的伟人，还是遗臭万年的罪人。但生命又是永恒的，这是对无形的生命而言，不管他是千年前修建阿房宫的匠人，还是芸芸众生中的凡夫俗子。消逝的是有形的躯体，而历史文明遗留下来的精神力量，常常昭示着历史的力量，生命的价值。

身处乱世的孟子，相传只存世八十余载，这看似短暂的生命却为古时的百姓带来了生的希望。当时的君主们致力于富国强兵，力图通过暴力的手段实现统一，导致“朱门酒肉臭，路有冻死骨”的状况一再恶化，民不聊生。孟子看着这些渐渐暗淡的生命之光，心中不由生起悲伤之感。游说在各国之间的他不停地传播自己的仁政学说，欲说服君主们放弃贪暴，解救百姓于水火之中，然而他企愿百姓安乐的心愿尚未达成，其生命却已然到了尽头。虽然这八十余载的生命不及历史长河的千分之一、万分之一，可它留下的却是在人们心中永远扎下了根的仁与爱。

“大江东去，浪淘尽，千古风流人物。”苏轼对人生彻底的诠释让我们懂得，历史的车轮是那么的无情，无论你是显赫一时的达官贵族，还是不可一世的英雄人物，抑或默默无闻的平民百姓，都将淹没于历史的长河当中。所以，无论被黑势力如何排挤，苏轼都敞开了胸怀，接受这一切。跌宕起伏的人生使他的人格得到了升华，其文学造诣亦无人敢诟病。无论是诗、词、散文，还是书法、绘画，凡他所涉及的，皆排于古人之前列。虽然他早远离我们而去，但他的一份份文学作品却被流传了下来，附着他的名，他的号，更附着他的魂。一句“但愿人长久，千里共婵娟”发出了对人生至善至美的祝福，其精神、思想亦被世代所传颂。

人生苦短，当时间在身边悄悄流逝，当生命的火焰逐渐熄灭，无数古代先贤用自己的灵魂赋予生命永久的意义，把短暂的生命定格为永恒。

虽然我们没有留世的伟大思想，也没有盖世的文章，但是，我们可以展现我们个性的风采，用豁达、开朗的性格，诠释乐观向上的人生态度。

我一直喜欢重复生命这个永不衰落、永远年轻的主题，因为她脆弱，所以受人怜惜，因为她短暂，所以让人痛惜。随着年龄的逐渐增长，我似乎感觉到生命的轨迹越来越清晰，生或死，也就变得无所畏惧了。

有人说青春易逝，我们要珍惜每一分、每一秒，即便满是伤痕也要争得片刻逍遥。这句话不无道理，李白曾经说过："人生得意须尽欢，莫使金樽空对月。"古人尚且如此，我们就更应该如此了。世人追求青春永驻，然而，这绝对是不可能实现的，即使在没有终点的未来。生死轮回是人的定数，是历史的必然，而不是我们轻易的一个想当然。即便如此，青春虽短暂，我们却可以过得精彩。

虽然对每个人来说，精彩的意义不尽相同，对生活的理解也是千差万别，对幸福，更是有着不同的指标。但至少有一点大家都是相同的，那就是：追逐幸福的脚步，永不停歇。不管你知不知道幸福，也不管你懂不懂幸福，你都会一如既往地不断超越。一颗小小的种子，何以能长成参天大树，凌驾于悬崖绝壁之上？那是生命的力量，是青春的力量，是超越的力量。伟岸的身躯让他能经受狂风暴雨、烈日曝晒。坚实的根茎，让它扎根岩石，直冲苍穹。硕大碧绿的叶子向世人昭示：生命可贵，青春无价，幸福永不止步。

因为人的生命是那么短暂，所以我们应当珍惜自己的生命，我们要追求我们人生的快乐最大化，而不是金钱或什么物质的最大化。我们应当最大限度地减少那些无聊的烦恼和忧伤。把那些解决烦恼的时间和精力花在实现自己的人生价值上，花在自己想做的事情上。花在需要我们的地方。所以我们应当活得潇洒一些、豁达一些，坦然面对每一个花谢花开，从容迎接每一个日出日落。幸福需要我们去珍惜去善待，我们没有理由不去快乐，也没有理由一直去烦恼。

尽管一切在如此变化着，生活依然在毫不迟疑地、不停地、无声地，向前、向前……人生要面对的一个不变的主题就是岁月会逝去，年龄会增长。但我依然愿意相信并坚信：幸福快乐是永远不会老去的。

人世变幻，或许每个人都不知道下一秒将会发生什么。快乐也好，悲伤也罢，都必须乐观真诚地面对。我们要保持一颗永远年轻的心，永远单纯地快乐下去、幸福下去。

第五章

前路篇

宽容地走过人世间

宽容他人，善待的却是自己。

宽容是对他人温和，给自己一份好心情。宽容意味着尊重、信任、理解和沟通。但是，在现如今的社会里，有许多人却忽略了“宽容”，致使很多不该发生的悲剧发生了，所以我们要不断弘扬宽容的美德，愿宽容像一束阳光，照亮每个人的生活之路，使人与人之间的关系更为友好、更加融洽。

宽容是洞察，生活中到处充满矛盾，任何人或事物都不会尽善尽美，不要苛求他人，也不要苛求自己，常用宽容的眼光看社会、事业、家庭和友谊，才能使自己有一颗平常心。

宽容是忍让，对于生活中所有的误解和非议，过多地争辩和反击实不足取，退一步海阔天空，让三分风平浪静。忍让不是软弱，是理解，是谅解，是体谅和尊重他人的豁达，是善良的表现；忍让不是怕别人，而是一种非凡的气度，是一种宽广的胸怀，是一种人生境界，沉重在宽容里释放，心灵在宽容里升华。

宽容是忘却，人人都有痛苦，都有伤疤，动辄去揭，便添新伤，难以愈合。忘记昨日的是非曲直、恩怨情仇，让明媚的阳光透过乌云，照耀着自己的心田，它能慢慢地抚平受伤的心灵。放眼明天，来日方长，学会忘却，生活才有阳光和欢乐。

宽容是一种修养，来自内心涵养的体现，是经历忍耐后而提升的一种魅力。它让人格再一次得到升华，宽容的人心如海阔，无边无际，容纳自然万变，敢于面对困难和挫折，以平常的心态面对人生。

宽容是智慧，是人生的必修课，学会了宽容就学会了尊重人，学会了做人，学会了生活，更是学会了善待自己……

宽容他人，善待的却是自己。当你对他人多一点宽容、多一点大度、多一点容忍、多一点体贴、多一点谅解，与此同时，你自己也就少一些忧愁，少一些烦恼，少一些郁闷，少一些不快，降低了耗气伤神的砝码。

宽容是一种博大，它能包容人世间的所有的美与丑、善与恶。学会宽容的人，就像阳光一样，温暖了他人，照亮了自己，心灵自然会无比纯净，精彩无限，生活也必然会更加美好、更加快乐、更加幸福。

仇恨是一个无知的牢笼

百年人生，谁都是过客匆匆，何苦让那些终成空幻的身外之物占据大量的心灵空间而无端地流失许多生命中的快乐。

日月交替，物换星移，人生苦短，岁月无期。匆匆中流失着时间，消逝了生命。在一幕幕的人生舞台上，有多少成功与失败已成为历史和记忆，又有多少荣耀与耻辱淡化为云烟和尘埃。也许命运的无常、人生危机甚至灾难性体验会摧毁人类最基本的同情和怜悯，但是，无论遭遇怎样的打击，都不要生出仇恨的心理，因为仇恨会扭曲我们的心灵、丑陋我们的容颜。

仇恨是一张无形的大网，它会把我们囚禁在烦恼的暗室中，并把许多的快乐拒绝在门外；仇恨是一片懦弱的树叶，它会遮住我们的双眼，让我们看不到世界的美好，并让我们迷失生命的方向；仇恨是一团低沉的乌云，它会让我们的心灵缺乏阳光的照耀，这团乌云的阴霾会扭曲人性，会让人们丧失本有的善良、同情和友爱。

仇恨是一个泥泞的沼泽，它会让我们的生活一直在烦恼中纠缠不休，如果没有及时阻止仇恨的蔓延，我们将最终被仇恨淹没；仇恨是一把锋利的双刃剑，在刺伤他人的同时也把自己伤得不浅，仇恨如果被积累，会替代人的理性而给世界带来巨大的杀伤力，但是首当其冲被伤害的却是我们自己。

仇恨是一团燃烧的烈焰，它能焚毁成片的森林；仇恨是一场瓢泼的大雨，它能淹没万顷的良田；仇恨是快乐的公敌，它让我们失去迷人的笑颜；仇恨是生活的牢笼，它让我们成为烦恼的阶下囚。

平日里生活的点点滴滴，或许正酝酿着一瓶酒性干烈的老窖，或许正进行着一次无关紧要的争吵。当我们一不留神被仇恨拥抱时，要非常警醒，一定不要总被它黏糊着，因为这些不起眼的细枝末节有可能会吞噬我们大量的快乐并污染我们的心灵。

如果我们和仇恨不期而遇，一定要速战速决，尽快地放下仇恨。放下仇恨，需要我们学会把心胸放宽，战胜自己的偏执和狭隘，告诉自己别和自己过不去，别为一个小小的职位、一份微薄的报酬，甚至是他人一些闲言碎语，一个不屑的眼神而怒发冲冠，要以平静淡泊的心态去面对种种荣辱得失和恩怨情仇。

请不要把仇恨的本质归于他人的伤害，归于社会的不公，归于生活的艰辛，归于工作的压力。仇恨不是来自任何人或事，或是环境等等一切外在因素。事实上，我们找不到任何一个仇恨的理由和仇恨的对象，仇恨的根本在我们自己。仇恨是因为我们自己把得失认得太真，把爱恨记得太深，把对错分得太清，把真假看得太明。

百年人生，谁都是过客匆匆，何苦让那些终成空幻的身外之物占据大量的心灵空间而无端地流失许多生命中的快乐。一切困苦和磨砺、打击和责难都只是让我们找回内心的爱，上天制造苦难，就是为了唤醒人们对幸福的知觉。生活中每件事的发生，都为人们提供了一个选择爱、克服畏惧的机会，而一切美好的事情，均是由于选择了爱的结果。

安禅何必须山水，不起争心火亦凉。请相信仇恨不是不治之症。如果仇恨是剧毒的鸩酒，宽容就是一副解毒的良药；仇恨是恶性的肿瘤，善良就是一剂治百病的灵丹；仇恨是封住心扉的铁锁，理解和包容就是一把打开心锁的钥匙；仇恨是一块干涸的土地，友善和微笑就是一片清凉的细雨滋润冷漠的心田。当宽容与爱充斥了我们的心灵，仇恨就会落荒而去，岁月就在快乐的手中，凝成没有惆怅的纹理。

人活着不仅是一张脸

其实人活着只在于书写自己的神话，演绎属于自己的奇迹，不要在乎他人的脸色，亦不要太注重自己的颜面。

世事难料，人情复杂，这就是人生，这就是我们，生活在这个千变万化的人间，随着日月流转，如果自己把握不住的话，就会跟着物转星移而阴晴不定。

人总不能只忙着察言观色，将自己的心全部附属在别人身上。不能因为别人一句平常的话语而猜忌万分，猜测别人是不是又在说自己坏话，甚至对别人的好言相劝当成是讽刺挖苦，愠形于色，怨恨在心。这样的人生很辛苦，毫无乐趣可言，实在是于人于己都没有好处，既不能帮助自己获得真正的利益，又伤害了朋友情谊。

还有一种人，鸡毛蒜皮的事也要斤斤计较，把自己的颜面看得很重，不接受别人任何批评，有时把玩笑话也当真。

当春风得意的时候，不把别人看在眼里，当落寞的时候，仍不肯放下身价与朋友真诚相处，这种人大多没有真正的朋友。不懂得理解体谅他人，不懂得感恩奉献他人，这样的人生不会是快乐的人生。

其实人活着只在于书写自己的神话，演绎属于自己的奇迹，不要在乎他人的脸色，亦不要太注重自己的颜面。人活得不仅仅是一张脸，开朗一些，豁达一些，让我们的生活更幸福、更开心。只要我们努力了，奋斗了，到临终时，不愧对父母，不内疚子孙，不为自己的一生而后悔就行了。

嫉妒是生活的悲剧

正视自己的不足，发扬自己的优点，让嫉妒升华，转化为成功的动力。

“吃不到葡萄说葡萄酸”“红眼病”“吃醋”等是嫉妒的俗称，在日常生活中，嫉妒时时伴随着人们，不过很多人由于各种原因，可以看清自己，能克制自己的心，让嫉妒成了羡慕。但如果一个人心胸太小，羡慕也可以成为嫉妒，从而造成严重的后果。

人人都会有嫉妒的心理，嫉妒是一种不健康的心态。就内心感受来讲，前期表现为由攀比到失望的压力感；中期则表现为由羞愧到屈辱的心理挫折感；后期则表现由不服不满到怨恨憎恨的发泄行为。嫉妒是与他人比较，发现自己在才能、名誉、地位或境遇等方面不如别人而产生的一种由羞愧、愤怒、怨恨等组成的复杂的情绪状态。如果合理地运用它，把羞愧转化成认识自己的不足的勇气，那么就会给人们以超过他人的动力，这也是一种使人们前进的原因之一。但是如任由嫉妒发展，当心中的不满、怨恨达到一定程度时，它就会彻底蒙蔽我们心灵的那点光亮，可能造成不可挽回的后果。

当一个人在嫉妒别人时，往往只看到别人的缺点，夸大自己的优点，就是说不能够正视自己的不足，正视自己的小心眼。当我们明白“天外有天，人外有人”“强中自有强中手”这一客观规律时，嫉妒将不再是生活的悲剧。正视自己的不足，发扬自己的优点，让嫉妒升华，转化为成功的动力。

嫉妒是生活的悲剧，让我们正视嫉妒，正视自己的缺点。培养豁达的人生态度，开阔心胸，让嫉妒成为成功的动力，那么它将成为积极人生的又一助力。

用快乐唤醒生命的春天

世态炎凉，无须迎合，人情冷暖，不必在意，身在万物中，心在万物上。

千山同一月，万户尽皆春。北风吹过，飞雪飘过，走过漫长的冬天，内心无数次叩问绿柳烟浓花俏枝头的春天。在期盼中，春天终于姗姗而来。春风柔柔，梳理着生命的脉络；春花灼灼，绽放着生命的绚烂辉煌；春水潺潺，日夜不停地咏叹着生命的韵律。绵绵春雨悄无声息地滋润着大地，呼唤着一切生命的苏醒。

大地苏醒了，万物也苏醒了，我们又怎能还沉睡不醒呢？别再沉湎于冬日萧瑟的忧伤，没有长久的渴望等待，哪会有初见春光的展颜？张开我们的双眼，看看眼前的世界吧，苍山着翠、花香倾城之日已如期而来。春天，在我们的眼底、心底，在我们热爱的情怀里。

生活本不易，何必难为之。当我们走不通某条路的时候，我们是不是应刻停下来仔细考虑一下要不要好好地聆听一下外面的声音？如果只是一味沉醉在自己的世界里，我们是永远不能融于外面的世界的。走出来，天宽地广！

窗外已是生机勃勃的春天：红如火的天桃，粉如霞的蔷薇，白如玉的玉兰竞相开放。它们有的花蕾满枝，有的含苞初绽，有的昂首怒放。柳树舒展开了黄绿嫩叶的枝条，在微微的春风中轻柔地拂动，就像一群群身着绿装的仙女在翩翩起舞。自然世界此刻是如此美丽，到处闪烁着明媚的阳光，到处跳跃着缤纷的色彩，到处飞扬着悦耳的鸟叫虫鸣，到处飘荡着令人陶醉的香气，这是绿的世界、花的海洋。

当生活的困扰袭来，请放下那沉重的负荷，打开那紧闭的窗户，让明媚的春光照进来，让沁人心脾的新鲜空气淌进来，让芬芳清新的泥土气息飘进来，打开紧闭的窗户，微风会柔柔地亲吻脸颊，阳光会暖暖地溢满心怀。大地如锦缎般绮丽，春光如诗意般美丽。在这融融的春光里，带上我们的好心情去青青草地漫步，去翠柳湖畔听风，去百花丛中熏香，去桃林深处染红。

宇宙生生息息，生命纷纷扬扬，生命没有理由不快乐，释放生命之光，凭借光与爱的力量，绽放自信，将心底潜藏的力量释放出来，实现自己的理想，让人生变得更有价值。别在人生的街头踯躅等待，别在心灵的沙漠寂寞徘徊，蓝天一直都在，只是我们把自己关在封闭的空间世界，只是我们钻进了狭小的缝隙之间；爱一直都在，只是我们的心灵一直沉睡未醒。

请不要再让眼泪成行，放忧愁去天涯流浪，送悲伤去海角流放，幸福并没有在遥远的他乡，就在睁开眼的前方。让微笑溢满脸庞，让喜悦荡漾心房，放开歌喉欢唱，让快乐的歌声在天际飘荡，让幸福的感觉在心间静静流淌。无论是曾经的沧桑故事，还是往日的挣扎日记，在我们的春天里都会化作和风细雨。把曾经淡作回忆，把现在美丽演绎，期待明天里绚丽的相遇。

人海茫茫，红尘攘攘，我们无须辗转流连；世态炎凉，无须迎合，人情冷暖，不必在意，身在万物中，心在万物上。在沉默的守望里，让微笑静静地绽放。阳光，总会不可抑制地溢满、流淌，直至暖透忧伤。摆渡红尘，穿越心的黑暗，唤醒生命的春天，让心灵如水晶般透明，如彩虹般美丽，让纯净的笑容拂去世上所有的阴霾，忘却烦恼，忘却心灵的煎熬，仰首天空，和着风的舞步，放开希望的风帆。从此，与春风一起漫过沃野，染遍千山，让快乐布满这个蔚蓝的星球。

笑对沉浮轮回

留下一份淡定和从容，用心底满满的安心与笃定笑看人生。

淡然宽怀看春秋，人生需要从容。路有升沉进退，人有悲欢离合。从容，才能走远路，不怕万水千山；从容，才能干大事，敢于倒海翻江，扭转乾坤；从容，才能临危不乱，举棋若定，化险为夷；从容，才能善待自己，善待生活，善待人生，善待生命。

从容是一种生活态度。面对浮躁忙乱、争逐物质和感官享受的社会，不要被他人的尔虞我诈、钩心斗角、搬弄是非、骄横跋扈、敷衍了事所左右。我们不妨在自己的心里开一扇窗，学习一下淡泊和从容，欣赏一处真风景，留住一分真性情，养育一份真智慧。保持一个乐观向上，从容以对的生活态度。其实很多时候，烦恼、忧愁都是我们自找的，若跳出人我是非之外，便有了一份清闲和自在。

从容是适应社会的最好体现。生活中有许多事情，如果换一种思维方式来看就是另一种境界。不以物喜，不以己悲。有很多事情我们不值得去计较，但是要在意其事情的原委，找出其中的关键所在，才能游刃有余地解决困难，平抑矛盾，找到最佳的成功结合点。因此，从容是一种修养，一种气质，一种境界。是一个人的睿智与大度。这个世界没有人能事事顺心尽善尽美，酸甜苦辣都是生活的必需，被动接纳痛苦，不如主动放弃悲伤，积极迎接心灵的骄阳，人生无处不风光。

从容是人生的一种坦然，是对生命的一种珍惜。从容可以放飞心灵，可以还原人的本性。从容可以使人真正享受人生，在努力中体验快乐，即使遭受挫折，也能保持乐观。从容可以使人远离名利和喧嚣，在别人都忙于追名逐利时仍坚守宁静，在淡泊中充实自己，超越自我。那些在人生道路上历经坎坷却仍然从容对待，不断取得成就的人，使人不禁油然而生敬意。

从容是一种对生命的深刻理解。生活就是些简单反复的事情，没有谁每天都在经历着轰轰烈烈，没必要给自己压力，一定要写些意义重大深入人心的话题。能在琐事反复的过程中创造自己的不同，能在平凡的生活中体会到不凡，在忙碌的生活中找到自己淡定从容的心，那就已经很了不起了。

时间对任何人都是公平的，生老病死的自然规律是任何人都无法抗拒的。既然逃不脱，那就从容面对，坦然面对，精彩地活着，从容地老去，即使是流星，也要以优雅的姿态划过岁月的长河。留下一份淡定和从容，用心底满满的安心与笃定笑看人生。

从容是历经沧桑，阅尽浮华，洗尽躁动后的返璞归真，是一种源自内心深处的豁达与乐观。从容是平凡者的坦然。涉步人生，既不戚戚于贫贱，又不汲汲于富贵，便自会有一份随心所欲的舒坦。

人生逆境时不妨淡然处之，顺境时也不妨去坦然面对。生活总会让人品尝到其中的五味，就把它当成生活的馈赠。坦坦然然、从从容容、不卑不亢、勇敢地笑对人生。

别太在意别人的评价，活在别人的言论里；别太在意结果，做事也不要过分追求完美。生活就是一个过程，只要努力了，就是属于自己的成功。活着，也不是为了让别人喝彩。自己的生活需要自己去打理，自己是你这个世界的主宰。只要自己的那份天空没有阴霾，就会给你周围的人带来光明。

其实从容是一种简单的事情，但那种简单不是浑浑噩噩得过且过的简单。生活中我们会遇到很多事情，或者突发情况，我们会用不同的方式对待，在同等条件下有人急功近利，有人易怒易火，更有人喜欢怨天尤人。而从容的人会把复杂的事情变得简单化，处理起来得心应手，有条不紊。

从容可以带来心灵的宁静，可以造就恬淡的人生，可以获取风雨过后的绚烂，可以拥有真正精彩的人生。清幽岁月，让我们用一颗平常的心坦然面对人生。

让我们拥有最美丽的日出

人生不可能一帆风顺，面对生活的种种挑战，我们无法逃避，只有坦然面对。

人生在世，求福、求贵、求钱、求权、求欢乐、求健康长寿……凡尘俗世，芸芸众生，谁人无欲无愿，又有几人能逃离了烦恼和困惑。人生不如意事十之八九，要学会超越，烦恼时不必倾诉，困惑时不要彷徨，不要祈求任何人为我们分担痛苦，别人也无法分担，只能自己化解，自己的生活自己过。只要学会开朗，就能够在任何阴暗中看见一个充满光的方向，看见与众不同的人生风景，开朗豁达地过这一回人生。

学会开朗，就要树立正确的人生观和世界观。有了正确的人生观和世界观，就能对社会、对人生、对世界上的万事万物有一个正确的认知和理解，就能采取适当的态度和行为；就能使我们站得更高，看得更远，做到冷静而稳妥地处理各种问题。

学会开朗，就不能对任何人、任何事有过分的要求，有求就有求不得，就会痛苦。也不能对自己要求太苛刻，被一些条条框框所束缚，捆住了手脚。只有解放思想，保持愉悦的心情，生活才显得有意义。

学会开朗，就要学会自我调控，排除不良情绪，让自己在愉快的环境中度过每一天。用一种积极向上的心态，保持心情开朗，精力充沛，对生活充满热情与信心。生活中要避免不良情绪的发展，遇到不好的事，要换个方法、变个方式思考，就会有意想不到的收获。

学会开朗，就要学会接受一切。开朗地接受，大度地包容，哪怕是最痛苦的事情。承认世上已经发生的一切，都是合理的、应该的。承认现实，随顺大众，适应社会，尊重自然。顺应时代的潮流，才不会被时代所抛弃。不要在意别人的眼光，不要在意别人的嘲笑，不要活在别人的言论里，做好自己就可以了，自己是我们一生的主宰。

生活在这个繁杂的社会，面对紧张的工作，面对微妙的人际关系，我们除了觉得太累以外，更多的感慨就是，这社会、这生活、这人与人之间，实在是太过于复杂。因为复杂，我们怕被骗，怕被伤害，怕自己失去的太多。因为复杂，我们贪婪，我们想要拥有，我们绞尽脑汁，甚至不择手段地想去不劳而获。其实，世界原本简单，复杂的是我们自己，而大多数的烦恼都是我们自己给的。别让我们太复杂，只要我们的心灵简单得如一泓清水，我们就会没有太多的烦恼，我们就会如释重负、潇潇洒洒。

世上很多事是无法求全的，看不惯的事情很多，对此应当尽量超脱，过去的无法挽回，要学会排遣苦恼，宽以待人，意志坚强。社会有它发展的必然趋势，凡事不要有过高的奢求，期望越高，失望也就越大。眼光放远些，学会随和，学会知足。一个人能知足，他的精神就会开朗、愉快，而一个不知足的人常常自苦、自危、自惭、自卑、自惑，以致自毁。

人生不可能一帆风顺，面对生活的种种挑战，我们无法逃避，只有坦然面对。不要惶恐，要相信雨过天晴后的美好。其实岁月是很公平地对待每一个人，就算没有磨砺出多少精明，也给了我们一定的经验。当我们觉得不再年轻时，我们其实已经拥有了更多财富，学会了善待自己，学会了开朗平和，学会了调整自己的心态，我们更学会了该如何享受生活的每分每秒。

学会开朗，我们就会拥有一个美好的精神世界，就会拥有潇洒的人生。学会开朗，我们的每一个日出日落就会更加美丽、更加灿烂、更加辉煌。

凡事都往好处想

凡事都往好处想，不管坎坷人生有多少风浪，你也会成为一个懂得欣赏四季风景的人。

凡事都往好处想，就会以镇定从容的心情享受生活。

凡事都往好处想，就可以准确找到生活的角度，展示生命的风采。生命的过程中，有轰轰烈烈的伟大，有朴实无华的平凡，有义无反顾的执着，也有大起大落的悲壮。

凡事都往好处想，就能乐观地对待挫折和压力。生活本来就是这样：有挫折、有艰辛、有苦恼、有困惑，我们必定遭受挫折。但美好的心态让我们平静，让我们豁达，让我们自信。

凡事都往好处想，就能淡化功名利禄。

凡事都往好处想，就能宽容地对待人。对他人的批评与指责，有则改之，无则加勉。

凡事都往好处想，就能理智地对待自己，一份自信，一份清纯，一份热情。

凡事都往好处想，就可以成为一个大度潇洒的人，一个善解人意的人，一个宽厚豁达的人，一个自信快乐的人，一个爱护自己、懂得尊重别人的人，不管坎坷人生有多少风浪，你也会成为一个懂得欣赏四季风景的人。

让自己的世界里永驻宽容

生活在现代文明社会的人，都应在心底播下宽容的种子，让它生根发芽，开花结果，让自己的世界里永驻宽容。

宽容是一种修养。每个人的成长经历、家庭社会环境，所受教育等不相同，所以秉性和修养也不可能相同，故不能要求别人在为人处世上处处与自己保持一致。认同别人就是一种修养的宽容。

宽容是一种生存智慧。世界时时、处处处于矛盾之中，旧的矛盾解决了，新的矛盾又出现了。人们对人、对事物的认识也是如此。要善于正确处理各种矛盾，就必须具有宽容精神，容得下与自己不同甚至相反的意见，有一点“海纳百川，有容乃大”的品性。放下一切虚荣、成见、偏见和贪婪，放下过去经验所带来的刻板观念，让思想游于无穷的境域，这是一种生存智慧。

宽容是一种高尚的品格。因为宽容是修养，是智慧，而修养和智慧源于对世事思考后的洞明，对他人无私的关注和关爱；源于对生活理解后的包容，心灵经历磨难之后的从容。所以，大凡宽容者，多为品德高尚之人，必具一种长者风范。但宽容又不是高深不可及，它简单到人人可以理解，并且通过修养人人可以做到。像我们常说的“严于律己，宽以待人”，像古人说的“大其心容天下之物，虚其心受天下之善”，像佛家说的不能以怨报怨等，都可以说是具有宽容的精神。当然，宽容不是凡事不讲原则，一团和气，当老好人，也不是事不关己高高挂起，对事物、对世人漠不关心。世界上比大海、天空更宽广的是人的心灵。人生苦短，要学习、要做的事那么多，不该为一点半点的不顺心事义愤填膺。“心底无私天地宽”“相逢一笑泯恩仇”，应成为人的宽容心灵的写照。生活在现代文明社会的人，都应在心底播下宽容的种子，让它生根发芽，开花结果，让自己的世界里永驻宽容。

笑看荣辱沉浮，静观对错得失

无论是怎样的生活都很有意义，只要是快乐的人生就是很有价值的人生。

千年悠悠，水流花开，沧海桑田，相伴明月。人间一切恩怨情仇，对错得失，到头来，不过都是过眼云烟。千年悠悠，唯有枝上花儿依旧开了又谢，大江之水依旧向东流淌，还有天空那轮皎洁的明月亘古不变地东升西落，静静地注视着人间的悲欢离合、兴衰荣辱。既然千年的故事，都不外一梦，那我们在人世间还去计较什么、还去烦恼什么、还去忧愁什么、还去贪求什么呢？

清代礼部尚书张英的家人修治府第，因地界的问题与邻居发生了争执，两家在当地都是名门望族，谁也不甘示弱，张英的家人千里修书给张英，希望可以借助张英的身份地位在争斗中获胜。张英知道此事后，便修书一封劝解家人，内容只有一首打油诗："千里修书只为墙，让他三尺又何妨。

万里长城今犹在，不见当年秦始皇。”张英的家人接信后依照他的意思，在原地界上让出了三尺土地，以示不再相争。邻居看到张家这样处理此事，自觉也有不妥之处，遂仿效张家也让出了三尺土地。于是两家之间便出现了一条六尺的巷道。一时间，两家处理问题的做法传为美谈，六尺巷的故事也被人广为称颂。

无论你有多少的辉煌，有多少的成绩，有多少的繁华，有多少的财富，到百年之后，不也是归于尘土吗？“滚滚长江东逝水，浪花淘尽英雄，是非成败转头空，青山依旧在，几度夕阳红。白发渔樵江渚上，惯看秋月春风，一壶浊酒喜相逢，古今多少事，都付笑谈中。”

人世间的恩怨情仇、是非得失，如何对待？一笑了之！生命是自己的，尊严是自己的，人生的质量是自己的，有什么恩怨情仇、是非得失不能一笑了之的呢？有什么愁或恨值得我们用一生去为它苦恼，值得我们为了它而丢弃这一生的开心？能够开心的一生，才是质量最好的一生，快乐是生命中最大的收获。

人生这一世，百年风雨，有些辛酸，有些孤独，有些寂寥，有些人生的苦辣酸甜。既然这样，为什么不让自己活得更轻松一些？为什么不让自己这一生活得更简单些？为什么要用一生的岁月去背负着沉重的忧愁或怨恨走过这漫漫的人生路？烦烦恼恼，原本无聊。对错得失，何不一笑了之！

如果做不到开朗、豁达、包容、从容，那这一生就免不了烦恼一生、丑陋一生、病苦一生。如果这一生，不能学会无论大事还是小事都豁达地一笑、包容地一笑、开心地一笑，那么这一生注定会多烦恼。心胸不够豁达，容易事事计较，计较得失，计较对错，计较的同时又会平添许多的烦恼，少了许多的快乐。

即使是个五官长得很端正的人，如果成天一副愁容，别人也是感受不到他的美丽的，因为天下最丑陋的表情就是烦恼的表情，因为谁也不愿意看到一脸愁容的人，谁都喜欢看到一个满心欢喜、一脸灿烂笑容的面孔。即使我们没有生得一副美丽的容颜，但只要我们不现愁容，对人总是笑脸相迎，那我们一样会充满魅力，因为笑容是世界上最美丽的容颜。

如果这一生，烦恼不断，那么这一生，也会病苦一生。心情不好会造成多病多苦，心情郁闷、忧愁，或是易怒的人，身体会受到心情的影响，容易生病。所以说，如果一生都是烦恼不断，那么，这一生也会病苦不断。

既然注定要经历许多艰难，那么与其烦恼不堪，不如坚定地告诉自己，“黑暗不是我的人生色彩，我只是在经历黑暗!”放得下宠辱，内心便收获一分安详自在。敞开心胸，微笑着走向生活，用乐观去面对一切困难，我们便会发现，无论是怎样的生活都很有意义，只要是快乐的人生就是很有价值的人生。

开心生活开悟人生

你若理解一切，包容一切，天下便没有仇恨和敌人。

什么叫开悟？

开是开通，是通达。四通八达就没有障碍，没有障碍，内心就豁达。就没有想不通的、看不惯的；想不通、看不惯，就是有障碍。破除障碍，通达一切。

开是开释，是解放。释是释放，无罪才能释放，什么叫无罪？没有自私、没有嫉妒、没有狭隘、没有仇恨、没有是非、没有分别……就是无罪。无罪才能自由，自由才能自在。思想解放，没有束缚，身心就自在。世界万事万物错综复杂，当你被一些琐事所纠缠，所牵绊，没有人解救你，只能是自己解救自己，自己才是你生命的主宰，自己的命运自己把握。

开是放开，是放弃。烦恼拿不起就放下，放下了就没有烦恼了。所谓烦恼即非烦恼，皆是自己对某些人和事情太过执着，想不通，看不透，被眼前的一切假象所迷惑、所障碍，烦恼本自无，庸人自扰之。有时，放弃是一种生活态度，它不是无奈，更不是无助，是另一种人生，另一种生活方式，是另一种美丽。放弃烦恼，便与快乐结缘；放弃名利，你便步入超凡的境地；你连放弃也放弃了，你便与圣人无异。

开是美丽，是奉献。花开才能美丽，才能用万紫千红报答春天，报答这个世界。用最美丽的自己，奉献给大家、奉献给社会、奉献给春秋、奉献给天下万物，也就实现了自己最美丽的人生。学会放弃就是人生的另一种美丽，放弃烦恼，开心自己。自己开心，才能用最好的心态去处理一切人和事，才能用最灿烂的笑脸面对大家，自己开心才能给他人带来开心和快乐。

悟是知道，是我心明了。明了一切道理，明了世间的一切皆是虚幻不实的，都是水中月，镜中花，也就是明了一种空灵。

悟是觉悟。要想觉悟，首先要做到无愧于人生，无愧于社会，无愧于天下万物，是一种坦然，一种从容。

悟还需要德行的具足。有德有一切，德大自在。德行圆满，才能觉悟人生。

悟本身就是一种行动。在人世间没有永恒不变的真理，也没有永恒常在的事物，任何事物都在不停地运动着，变化着，都是无常。当然，不是说真理本身在变化，而是它要在不同的时期，针对不同的人、物，用变化的思维去诠释真理，对真理做出符合时代发展的诠释和理解；而行动是对开悟的表述和实践，也是一个证道的过程。人间正道是沧桑，不管你多聪明、多能耐，起心动念都不能离开人间正道，离开了人间正道，那你就与开悟无缘。悟而能行动，能实践，能付诸实施才是证。

开悟是以后的事，人生是当下的事。所以，我们还是要从当下做起，活得更加开心，更加精彩。

是否证悟，如人饮水，冷暖自知。悟而不透者，当参，当惭愧。只有起心动念从无我想，此岸即是彼岸。消灭自私，消灭嫉妒，消灭狭隘，消灭仇恨，消灭是非。你若理解一切，包容一切，天下便没有仇恨和敌人。

美丽命运

无论生活给予我们什么，我们都要用一颗积极乐观、友善自信的心态来迎接。

人生的华章只由自己奏响，人的命运不能只由上天安排了就屈服，命运应当掌握在自己手中。生活就是以不变应万变的过程，无论生活给予我们什么，我们都要用一颗积极乐观、友善自信的心态来迎接。

不能战胜生活就会被生活抛弃，生命因坚强而美丽，所以在挫折面前不屈服，在困难面前不气馁，默默地积蓄着力量，蓄积着养分，努力地吸吮每一滴水的滋润，接受每一次阳光的照耀，就等待着破茧成蝶的那一天。把每一次磨难当作财富，把每一次饥寒交迫的困境当作提升，把每一次跌倒当作鼓励，让我们用坚强和善良舞出生命中的绝美，演奏一曲盎然的生命之歌。

走过生命的迷茫

只要能够顶着压力迎着风雨坚持前进的方向，风雨也就成了另一种清凉。

人生，记载着岁月的沉重和起伏，没有痛苦和磨难，没有欢乐和幸福，就不是真正的人生！人生的一切幸运，并非没有烦恼和痛苦，而一切厄运并非没有希望和欢乐，飘落在我们面前的每一个雨滴都孕育着彩虹的美丽，最大的欢乐通常都包含在巨大的艰辛之中。

人生路上，受挫一次，对生活的理解加深一层；不幸一次，对世间的认识成熟一级；磨难一次，对成功的内涵领悟一遍。从这个意义上说，想获得成功和幸福，想过得快乐和欢欣，首先要把失败、不幸、挫折和痛苦读懂。

当我们在泥泞而曲折的道路上艰难地跋涉时，请不要对前途充满迷茫，请相信即使这一路是步履蹒跚脚步踉跄，只要能够顶着压力迎着风雨坚持前进的方向，风雨也就成了另一种清凉。回首夕阳，半江瑟瑟辉映满天霞光！

让生命再一次承当

这个世界上真正能帮助我们的也只有我们自己。

世界上做得最久且最可靠的朋友，不是别人，是我们自己，而最被人忽视又最无法躲避的朋友还是我们自己。

最悲苦的孤独不是身边没有知己，而是心中遗忘了自己，同样，我们最需要的帮助也不是来自别人的关怀，而是实在而顽强的自助。连自己都不肯接纳自己，便不能指望这个世界给你一个位置；连自己都不能正视自己，便难以在红尘中寻到知己。

我们常常不懂自省，甚至是学会了自我标榜，而很不乐意自我批判；学会了自我掩饰而很难主动自我曝光。最大的欺骗是自我欺骗，而自我欺骗最大的受害者正是想逃避受害的自己。不能站在对面换个角度推敲自己、反驳自己、认识自己，那他永远无法完善自己。

自己本身不是敌人，自己身上的狭隘、虚伪和偏见却是我们做人的大敌。和自己相视而坐，尤其是在自己得意的时候和平安无事的时候，这样我们才保持得了赢家的姿态，才不愧为自己心灵最忠实的朋友。

当生活中诸多的烦恼像潮水般一浪一浪地涌来时，让我们再帮助自己一次：内心沮丧时，鼓励自己要坚强；心情郁闷时，告诉自己要阳光；烦恼纠缠时，警惕自己别上当；得失对错间，提醒自己要坦荡；磨难突袭时，叮咛自己要承当。这个世界上真正能帮助我们的也只有我们自己。

记住那些阳光的味道

笑看世事变迁，坐观风起云涌，世界上永远没有绝望的处境，只有对处境彻底绝望的人。

清晨起来，一缕温暖的阳光斜斜地从窗户洒进房间，让人感到特别亲切，特别明亮。感受着这初春的暖阳，像与久别的朋友重逢，照在身上，暖暖的，好舒服，好惬意，也让我浮想联翩。

四季不同，阳光不同，味道各异。春天柔柔的阳光，清新宜人，带着希望，带着生机，带着一份对未来收获的希冀，滋养着世间万物；夏天浓烈的阳光。骄阳似火，如化不开的浓咖啡，使人兴奋，让人感觉她无处不在，无时不有，连夜晚都能感受到阳光的余威，在喜欢它的同时，又在极力地逃避它；秋天的阳光，五彩缤纷，充满着丰收的喜悦，让人有一种清爽宜人的感觉；冬天的暖阳温暖而和煦，阳光洒向大地，如美酒般刺激人们的神经，让人产生对温度的激情，似厚重的衣服包裹着人们的躯体，空气也因而少了些许寒意。

人生何尝不似这阳光，快乐时有快乐的味道，痛苦时有痛苦的滋味，百味皆从心境起。没有谁的命运一直铺满阳光，没有谁的人生一路平坦舒畅。我们一路跌跌撞撞地走来，一路上在挫折与痛苦中成长，在坎坷与困惑中进步。从幼稚渐渐走向成熟，我们的心灵在一次又一次的现实与理想的碰撞中迸发出智慧的火花，我们的人生，也就在这每一次的碰撞中激荡出灵魂深处的那份最初的梦想。

生活中不仅有快乐、洒脱和幸福，也会有残酷，当我们身处绝境，感觉生活暗无天日时，于精神是莫大的折磨，于灵魂是无休止的考验。但是，只要我们内心没有绝望，就会有一线光明出现，就像摸到一根救命稻草似的让人兴奋不已。当我们坚强地度过那漫长的黑夜时，就会意识到这一份光明是那么温馨，那么甜美，那么弥足珍贵。

笑看世事变迁，坐观风起云涌，世界上永远没有绝望的处境，只有对处境彻底绝望的人。坦荡些，开朗些，阳光般灿烂的笑靥会驱散我们心头的阴霾，无论我们面临多么艰难的境况，只要永远保持一颗乐观豁达的心，坚持到底，感受到阳光时刻与我们同在，时刻给我们美好的心情，我们就会迎来别有洞天的精彩人生，就会走入繁花似锦的美好命运。

生命也许很短暂

惜时的人生才是大写的人生，只有这样的人生才能留给后人永远也抹不去的痕迹。

生命是宝贵的，时间是生命存在的价值，在这贵如黄金的短暂时间内，我们不妨将生命加宽，让生命更丰富多彩。

用勤奋将生命加宽。发白才知智叟呆，埋头苦干向未来，勤能补拙是良训，一分辛苦一分才。世界上没有笨的人，只有不勤奋的人。大凡有作为的人，无一不与勤奋有着难解难分的渊源。勤奋不是天生就有的，而是后天自己养成的。让自己心怀抱负和信念，哪怕人生路途上风雨交加，也要勤于工作，下定决心后坚持不懈。如果说梦想是成功的起跑线，决心是起步时的枪声，那么勤奋则如起跑者全力的奔驰，唯有坚持到最后一秒的，方能获得成功的锦标。天道酬勤，勤奋终能越过暂时的失败和挫折，收获成功的甜美果实。

用宽容将生命加宽。有得有失，才是人生。生活中我们每个人难免与别人产生摩擦，会有误会，甚至仇恨。这时别忘了在自己心里装满宽容。因为宽容是温暖明亮的阳光，可以融化人内心的冰点，让这个世界充满浓浓暖意；宽容是甘甜柔软的春雨，可以滋润人内心的焦渴，给这个世界带来勃勃生机；宽容是人性中最美丽的花朵，可以慰藉人内心的不平，给这个世界带来幸福和希望。忘掉仇恨，远离仇恨，用一颗宽容的心去宽容一切，人人多一些宽容，人间就会多一些理解，多一些真善，多一些珍重与美好，生活中的酸甜苦辣也将化作五彩的乐章，在生活中学会宽容，你便能明白很多道理。学会宽容，乐于赏识和赞美他人，让心灵慢慢趋向平静，从容轻松愉快地面对人生，生活会变得更温馨、更美好。

用善良将生命加宽。善良的行为让灵魂变得高尚、厚重。“风送花香红满地，雨滋春树碧连天。”是的，世界很美，不仅是因为有春的烟波画船、有夏的朝云暮卷、有秋的云霞绚烂、有冬的冰肌玉骨，更是因为有善良的滋润、有关爱的呵护、有理解的支撑、有祝福的陪伴。播种善良，才能收藏希望。一个人可以没有让旁人惊羡的姿态，也可以忍受“缺金少银”的日子，但离开了善良，却足以让人生搁浅和褪色——因为善良是生命的黄金。善良是一种高贵的品质，是崇高的境界，是精神的成熟，是心灵的丰盈。开启我们隐藏的真心，热心和爱心，让善良在这世界变成主流。那么，不管我们的口袋多么羞涩，我们的生活多么贫穷，我们的心灵都将无比的富裕，而一份昂贵的善良将永远是我们骄傲的勋章。

让奉献为生命添彩。捧着一颗心来，不带半棵草去。一个人的价值不在于他有多少财产，而在于他为社会、为他人做出多少贡献。腰缠万贯不会使你名垂青史，唯有奉献能让你万古流芳。因为奉献，所以能实现现在生活的美丽愿景，学会用这份爱感染身边的每一个人。奉献是无声的表达，是黑暗中的束束灯光，犹如花香，丝丝缕缕，沁透人的心脾。让奉献之花在心底生根发芽，让奉献之花开在博爱的枝头，灼灼其华。同时奉献者收获的是一种幸福，一种崇高的情感，是他人的尊敬与爱戴，是自己生命的延长。

让笑容将生活点缀。风力掀天浪打头，只需一笑不须愁。人的一生总会经历顺境与逆境，快乐与伤悲，理想与现实等，但乌云后面依然是灿烂的晴天。因为快乐不在于事情，而在于我们自己。落在瓦砾中的种子总会明白，悲观和叹气只是白费力气，只有让自己乐观面对阻力，才能让自己成长得更加茁壮。一个人如能让自己经常维持像孩子一般纯洁的心灵，用乐观的心情做事，用善良的心肠待人，光明坦荡，他的人生一定比别人快乐得多。让我们用开心灿烂的笑容简简单单地走好每一天吧！

惜时的人生才是大写的人生，只有这样的人生才能留给后人永远也抹不去的痕迹。其实，时间是最公允的法官，留给我们每个人的生命是相同的。因此，让我们为自己的时光增加砝码，增加厚度，珍爱时间，珍爱生命。让时间延长，让生命增值，让生命变得宽阔、厚重。

轮回是一条平静的河

在风起的日子里笑看落叶，在下雨的时刻倚窗听雨，在春深的季节用心观花，飘雪的时节洗涤心灵。

年华易老，岁月无痕，光影流年，来去如风。流水潺潺而逝，静得让你毫不察觉，掬一捧，又从指缝间流去。时间也是如此，挡不住，留不下，去得无影无踪。岁月无情，时光太匆匆，一万年的时空也许就是一眨眼的瞬间，功名利禄和荣华富贵都会在梦醒时分悄然逝去。

悠悠的岁月是一阕长词，流失的光阴是一首短歌。撩开千余年的历史烟雾，静望红尘，直面人生的纷纷扰扰。当我们自认为自己的经历有多么轰轰烈烈、多么刻骨铭心、多么痛彻心扉时，放眼历史，所有的传奇经历不过都是千篇一律的、不断重复上演的人间悲喜故事，而生活更多是在油盐酱醋茶的琐碎日子里消磨掉的。

在生命的历程中，所有或苦或痛，或悲或喜的经历，都只是人生旅途中的一隅风景，在经历时去感受人生，去体悟生命，去享受精彩，也就算是没有白经历一番了。但是千万别停留，人生需要不断地往前走，千万别因为留恋而停留在哪段风景中，更不能因为怯弱而停步在哪段旅途中，让一切都飘落在记忆中。

置身风景中的人知道，美的是不同的心情，置身不同的风景中，叠加出生命的厚度和领悟，等到风景都看透，才知道，世事并无意外。所以，拥有时不必沾沾自喜，更不必紧抱着不放，这个世界，金钱、名利、权势等等，没有一样东西，是我们可以永远拥有的，包括我们自己的身体。这一切，都只是一个从无到有、从有到无的过程，总有一天都会成为过眼的云烟，无迹可寻。这些看得见、摸得着，看似实实在在的东西，到头来，都会离我们远去，反倒是善良、豁达、包容、大度等等，那些人性中看不见、摸不着的高贵品质会一路与我们相随。

人生中有许多无奈，生活中有许多委屈，内心中有许多纠结，但是，这些都不能拿来给自己当成仇恨的理由，当成堕落的借口。人生的确需要面临很多的问题，会有很多棘手的事情摆在自己的面前，不能用一种豁达去面对、用一个大的胸怀包容，很多事情就成了烦恼。其实，所有的烦恼都不是死结，都有活扣可解，都有出口，只是，我们一定要学会换个角度、换个思路去考虑问题，一定要学会把自己的心胸放开，否则，烦恼的出口，我们是找不到的。

我们在默然的时空里轮回着，岁月的河静静地流淌，人世所有的繁华与苍凉、荣辱与沧桑，无论是轰轰烈烈还是平平淡淡，在岁月的长河里只是或大或小的浪花朵朵。在岁月的对望中，迎着风雨烟尘，以一种无悲无喜的淡然，静看红尘的辗转轮回，在风起的日子里笑看落叶，在下雨的时刻倚窗听雨，在春深的季节用心观花，飘雪的时节洗涤心灵。

空山空水空明月，千秋往来一梦间。当我们去盘点人生，打捞岁月的尘烟，我们会发现那些苦苦纠缠着自己的所谓爱恨情仇、悲欢离合、成败得失等等的一切烦恼，都不过是生命的尘埃在上下翻转跳跃。轮回是一条静静的河流，生命原本剔透纯净，一如琉璃。

笑问人间谁是客

活一种豁达，活一种洒脱，活一种从容，活一种坦然，让我们从有限的、苦难的尘世走向自在的解脱之道。

“无可奈何花落去，似曾相识燕归来。”春夏秋冬，循环往复，周而复始，无始无终。海枯为陆，石烂化土，沧海变为桑田，高山蚀为平地，一刻也没有停歇。小溪淙淙，江河滔滔，云翻雨覆，海纳百川，三十年河东，四十年河西都在不断地变幻。地质、地貌、气候、土壤、水文，这一切我们认为没有“生命”的无机世界，却是承载着一切生命轮回的自然母亲。

春去了春又回，花谢了花又开，人生也是如此的轮回。在历史轮回的长河中，人生不过是短暂的一瞬，就像是花开花谢，日升月落。世界上没有永恒的东西，所谓的永恒，其实只是一个相对的概念、虚幻的希冀。在轮回面前，人生其实没有高低贵贱之分，无论周期长短，无论幸福痛苦，其实都只是一种感受。

岁月是一个轮回，生命是一个接力。生命是一个渐行渐远的过程，朝霞与落日，只是一转身，然而，它却留下了满天的余晖和人们心中荡漾的暖意。正如枯树代表的不是死亡，而是生命的延续，因为有一种精神的萌芽叫作希望。蓓蕾消逝了，鲜花却争奇斗艳；种子消逝了，秋后却果实累累；积雪消逝了，江河却奔腾不息。消逝不是死亡，它是另一种新生；消逝不是毁灭，它是另一种存在；消逝不是腐朽，它是另一种传承。

在时间面前，任何事物都变得不堪一击，无论是盟誓三生海枯石烂的爱情，还是血染铁衣万世封侯的功名。绝世尘寰，你我不过是沧海一粟，千百年后，注定化骨扬灰，消失在这茫茫宇宙。于是再不见了那些悲恨的花、忧愁的云，四季悲欢的歌也在无际的寰宇中湮没，娇容红泪的哀怨、老骥伏枥的凄切都被时间揉碎、散落。

江山本无主，春秋自轮回。我们赤条条来到这个世界，还要赤条条地离开这个世界，我们眼前的一切都是在不断变化当中，没有必要执着哪个属于你，哪个属于我，其实万物谁的也不是，一切都不是永恒不变的实体；更没有必要在意，谁是谁的主，谁是谁的客，我们都是天地间的匆匆过客。

人生来就是一无所有的，而我们却常常忘记这一点，错把偶然得来的东西当成我们自己的东西，本末倒置，模糊了自己的眼睛，混淆了自己的思维，于是失去时不免悲恨不已。其实对于失去的东西，我们是否真正拥有过？也许那只是上苍的恩赐，在拥有时就该做好失去的准备。拥有与失去，这只是时间的游戏。不以物喜，不以己悲，在时间面前，淡定才是对策。

每个人的生命在滚滚东去的历史长河中，显得那么渺小、微不足道，我们是平凡的生命，没有超越时空、包容宇宙、超脱生死的洒脱和高洁，很多时候也无法改变我们的人生，但我们可以让我们精神的殿堂更加诗意、更具魅力！

知世如梦，一无所求。人生固然如一梦，固然是匆匆过客，但一生中也就只有一次这样做梦的机会，何不好好把握，岂能混混沌沌地度过。“我们的双手会枯萎，我们的肉体会消亡，然而我们所创造的真善美将与时间同在，永存不朽。”我们享受的是生命的过程，在这个过程中，感受生命带来的喜怒哀乐、爱恨情仇、成败得失、荣辱沉浮等，并从中体悟人生的真谛。

人生一世，草木一秋，重要的不是曾经拥有，而是如何把活着的道理弄明白。即活着的时候好好做人，踏踏实实地做事，快快乐乐地生活，生命不是永恒的，但人的精神却能永存。活着的时候只要尽其一生去努力、去充实、去完善自我，使我们的思想得到升华，道德得到丰盈，当死亡来临时，我们就能坦然而笑、从容归去，我们的生命只有经历了和创造了他应有的灿烂辉煌，无愧于造物主的恩赐，就可以无恨无悔地归还给最为宽厚的大地。

人生在世，都会老去，一切都是过眼云烟，人在大千世界中不过是一颗微尘。花开花谢，生老病死，在所难免，但是不要因此就放弃对生活的热情、对生命的追求。人活着就要有尊严地活好每一天，要对得起日出日落，春夏秋冬，花开花谢。要想自己有尊严，就要学会尊重别人的尊严，当你轻视了别人的尊严时，自己的尊严也就失去了。

燕子归去又归来，笑问人间谁是客。历史兴亡，人世沧桑，时光的流沙卷走多少盛世繁华，岁月的轮回更替了多少英雄豪侠，潮起潮落，淹没了多少故事，月圆月缺，遥远了多少传奇。轻抚岁月的瑶琴，弹奏生命的旋律，让我们踏着骄阳，迈过江河，迎着星光，向着宇宙苍穹的尽头出发，无怨无悔地追求着自己的人生真谛。让远处温暖灿烂的阳光照亮我们的心灵，活一种豁达，活一种洒脱，活一种从容，活一种坦然，让我们从有限的、苦难的尘世走向自在的解脱之道。

希望挂在所有的枝头

只要明天还在，我们就不会悲哀，冬雪终会悄悄融化，春风定会姗姗而来。

清晨，当东方的第一缕阳光透过窗纱照到床前，鸟儿欢快的鸣啼把我们从梦中唤醒，伸伸懒腰，睁开惺忪的眼睛，新的一天又开始了，新的希望也开始了。

如果说生命是一座庄严的城堡，那么，希望就是那屋顶的梁柱；如果说生命是一棵苍茂的大树，那么，希望就是那深扎的树根；如果说生命是一只飞翔的海鸟，那么，希望就是那飞舞的翅膀。希望是生命的源泉，失去它，生命就会枯萎。没有信念，生命的动力便荡然无存；没有信念，生命的美丽便孑然而去。当我们遭遇挫折时，在困境中低迷徘徊时，希望是为痛苦而吹奏的音乐，希望里蕴藏着极大的力量，它是坚强的勇气，是新生的意志，它使我们的志向和幻想成为现实。

人生往往要经过许许多多的事情，每个人的生活轨迹都不一样，有的历经艰辛坎坷，有的一生风平浪静，但是只要确定了前行的方向，就要勇敢向前奔去，一路的风景也会异常美丽，给我们带来欢乐。其实每个人的一生都如同一团泥巴，只看我们如何去捏塑，只要不让苦难和挫折动摇我们的梦想，只要我们坚持并努力着，我们的梦想就会出现在触手可及的前方。

也许，永远没有那一天，前程如朝霞般绚烂；也许，永远没有那一天，成功如灯火般辉煌；也许，只能是攀缘，却达不到峰顶；也许，只能是奔流，却掀不起波浪；也许，生活能给予我们的，只有一颗饱经沧桑的心和满脸的风霜。但是，我们追求过、努力过、奋斗过，受过磨难，流过汗水，即使不能实现梦想，人生也因此变得丰盈起来。也许我们没有得到自己最初想要的，但因为对梦想的执着和追求，我们却会得到意外的生活的馈赠——这一路多彩的风景、这一生丰富的经历，我们最终还是得到了一个无憾、无悔的人生。要嫁就嫁给幸福，要输就输给追求。

无论遇到什么困境，哪怕一无所有，也不要停下我们追求的脚步，因为我们还拥有梦想。用脚去做梦，有梦，脚步就不能停下。只要不让年轻时的梦想随岁月飘逝，成功总有一天会出现在我们的面前。谁都不知道命运会做怎样的安排，但是，只要我们努力和坚持了，结局便会不一样。

人生故事，无非都是聚散一场，好像一部电影、一出戏，一旦开演，总会结束。人和人的聚散，像天上的流云，像水中的浮萍，时而聚合，时而分离。聚聚合合，是天地间的必然的规律。坏记性是变得幸福的一宝。如果总是不肯忘掉过去，就无法变得幸福快乐，生活就会停滞不前。不管曾经发生过什么，都忽略掉，既然无法改变过去，那就最好忽略它们，把所有的精力用在处理当前。既然伸出双手也捧不起水中的月亮，那么就让昨日成为记忆，也成为纪念。

人生并非只有一次缤纷烂漫，凋零的是花，不是春天，不要因为海棠花的凋零，便把生命看得毫无希望，即使所有的枝叶都已随风飘落，但那光秃的枝头仍然蕴藏着满满的希望，当下一个春天来临时，那萌出的新芽便承载了我们所有的希望。只要梦想还在，我们就不会悲哀，纵使黑夜吞噬了一切，太阳还可以重新回来；只要生命还在，我们就不会悲哀，纵使陷身茫茫沙漠，还有希望的绿洲存在；只要明天还在，我们就不会悲哀，冬雪终会悄悄融化，春风定会姗姗而来。

即使在风雨中我们受了伤，只要我们是坚强的，仍然一如既往地热爱生活，仍然积极乐观地去面对生活，那么，伤口处开出的仍是希望，是生命之花。蚌在痛苦中孕育的是晶莹的珍珠，蛹在桎梏中孕育的是美丽的飞蛾，生命只要在痛苦中不放弃希望，不放弃种植生命之花，那么，所有的痛苦都是生命之花最好的养料。看那欣欣向荣的枝头上，樱花炽热浓烈地盛开着千朵万朵，每一朵绽放的都是我们的希望。无论四季如何轮回，无论有多少风霜雪雨，希望永远挂在所有的枝头。

阳光的心，坦白的人

生活因为热爱而丰富多彩，因为信心而瑰丽明快。梦想创造未来，心态营造今天。

阳光的心态是知足、感恩、乐观、开朗的心态，是一种健康的心态。它能让人心境良好，人际关系正常，适应环境，改变环境，人格健康。具备阳光心态可以使人深刻而不浮躁，谦和而不张扬，自信而又亲和。我们追求和谐，不仅要力求人与人和谐，人与自然和谐，还要注重人的内心和谐，而内心和谐是和谐社会的一个高境界。

在我们日常生活中，经常会遇到各种麻烦和困扰：工作环境不称心，事情处理不公平，经济条件不宽裕……即便如此，如果心中有怨恨，那就是心态出了问题。心态出了问题，那就要调整好心态，因为好心情才能欣赏好风景。

塑造健康的心态，塑造知足、感恩、乐观开朗的阳光心态，就是要建立积极的价值观，进而拥有强劲的生命力，拥抱健康的人生。如果内心是一团火，就能释放出光和热；如果内心是一块冰，就是融化了也还是零度。要想温暖别人，内心要有热，要想照亮别人，就要先照亮自己；要想照亮自己，首先要照亮自己的内心。怎样照亮内心？点亮一盏心灯，塑造阳光心态。良好的心态能够很好地影响个人、家庭、团队、组织，最后影响社会。

乐观的心态来自宽容，来自大度，来自善解人意，来自与世无争。为人处事要谨慎，要虚怀若谷，要大智若愚。人生是一段美妙的旅程，虽然会有阴雨，重要的是学会爱，爱亲人、爱朋友、爱身边所有的人，也爱自己。要学会享受生活，从而快乐一生。

快乐要有一颗感恩的心。感谢上帝给了我们生命，感谢太阳给我们光明，感谢生活给我们挫折，感谢父母的养育之恩，感谢朋友的关爱……让感恩之情来滋润我们的生命，并好好地守住我们所拥有的一切。

一个人幸福不幸福，本质上与财富、相貌、地位、权力没多大关系。幸福是由自己的思想、心态决定的。如果把别人看成是一文不值的，那我们自己就生活在悲哀里；如果把别人看成是快乐的天使，我们也就生活在愉快里。如果把别人变得丑陋，那么这就是在制造悲哀；如果能把别人变成快乐的天使，就是在制造愉快。怎么才能把别人变成快乐的天使呢？学会感恩、欣赏、给予、宽容。

我们要享受生活，就要建立积极的心态。积极的心态是从正面看问题，乐观地对待人生，乐观地接受挑战和应对麻烦。这对一个人的为人处事至关重要。

用阳光的心态享受生活，善于发现美。生活中并不缺少美，缺少的是发现。要学会欣赏每个瞬间，要热爱生命，相信未来一定会更美好。

用阳光的心态享受生活，学会放下。该放下的放下，学会谅解、宽容。原谅别人的错误，并且给予鼓励和改正错误的勇气，不原谅别人，等于持续地伤害了自己。

心态是我们调控人生的控制塔。心态的不同导致人生的不同，而且这种不同会有天壤之别。心态决定命运，心态决定成败，心态是后天锻炼的，我们完全可以通过锻炼我们的心态来成就我们的事业，改变我们的人生。

生活因为热爱而丰富多彩，因为信心而瑰丽明快。梦想创造未来，心态营造今天。如果心情好，我们会发现沙漠在唱歌，小草在起舞；如果心情糟糕，我们会发现开放的玫瑰在流泪，奔腾的小溪在哭泣。所以说境由心造、相由心生。因为快乐的心态会像一缕温暖的阳光驱散心里的阴云。阳光会照耀每个角落。

愿我们能带着阳光心态，缔造阳光般的工作、学习和生活环境，让内心的阳光照耀了自己，也照耀着他人。

点亮希望，点亮未来的彩虹

拥有了生命，就要让生命尽可能绽放得灿烂美丽。

哲人说，生活是一片等待开垦的土地，那里乱石嶙峋，蒺藜丛生，只要我们勤于耕耘，勇于拓荒，那么沙漠也会变为绿洲，瘠土也会变为良田。

其实，生活是一首婉转回旋的歌谣，旋律高低起伏，错落跌宕。时而是排山倒海的恢宏乐章；时而是小桥流水般的丝竹小唱；时而慷慨悲壮，似江河呜咽；时而低回哀婉，如冷月悬空。只要我们怀揣着不灭的信念，撷取乐曲中迸溅的火花，就能收获昂扬向上的旋律，沐浴生活的七彩阳光。

生活又如四季更迭，期间蕴含着春天的明媚可人，夏天的风云变幻，秋天的丰饶实在，冬天的萧瑟冷峻。人的一生中或许会遇到无数的挫折和失败，也难免会有山重水复之感，但是，当我们挺直脊梁的那一瞬，定会蓦然峰回路转，柳暗花明，一伸手，刚好就能摘到生活馈赠给我们的一串串笑意盈盈的果实。

也许只是一句鼓励的话语，就可以托起生命里全部的希望。有一个男孩，从小就爱笑、爱唱歌、爱弹琴，可是在一次踢足球时，足球击中了他的眼睛，使他双目从此失明。男孩陷入了深深的黑暗中，人们再也看不到他的笑容，听不到他优美的歌声和美妙的琴声。他感到自己在黑暗中不断地坠落，坠入到一个无底的深渊，看不到世界的一丝亮光。就在他无比痛苦、失望的时候，他的父亲轻声对他说："孩子，别气馁，你虽然看不见眼前的世界，但你至少可以做到一件事，那就是让这个世界看到你。"

就是父亲的这句"你至少可以让这个世界看到你"，激励了他，鼓舞了他，使他的心头亮起了一盏灯，一盏希望的灯，一盏自信的灯，一盏让世界看得见自己的灯。于是人们又看到了他脸上的笑容，又听到了他优美的歌声和美妙的琴声。渐渐地，他的歌声唱响了全世界，几乎世界所有重要场合都留下了他的身影和歌声……

这位看不见世界，但用自己执着而自信的脚步，一步步走向世界，一步步走到世界的面前，让世界看见自己的盲人音乐家就是被人们称为"帕瓦罗蒂逝世后，最伟大的男高音歌唱家"的安德烈·波切利。生活给了他苦难，但是面对苦难，他用内心的坚强和对生命的孜孜坚守创造了此生的辉煌。

无论自己多么平凡，也无论人生道路上会遭遇多少风雨，都不要放弃生命的希望，看那小小的蒺藜都顶着柔软精致的小花儿于春风中摇摆——拥有了生命，就要让生命尽可能绽放得灿烂美丽。

又一个春天来临，杏树迎着和煦的春风，明媚的春光里烂漫着满树的繁花，花落了，便又长出绿葱葱的叶子，到了夏初又捧出一树金灿灿的果实。寒冷的冬天，虽然早已落尽了花和叶，但它依旧披着一身的风雪……杏树的一生都努力以美丽的姿态挺立着。其实我们人就像杏树一样，最初的美丽梦想就是那一树的繁花，梦想之后就是奋斗的热情和不懈的努力，就像那些郁郁葱葱的绿叶，而成功之后的喜悦就是那些沉甸甸的果实了。最重要的是，即使在人生的冬季里，也不放弃梦想，依然傲视风雪，在风雪中孕育新的希望，点亮希望，点亮未来！

明天会更好

无论将来还会遇到什么样的艰辛困苦，都要对自己说，明天会更好！

人的一生，会有许多许多的经历，或开心，或悲伤，或顺利，或坎坷，无论什么时候，都不要让失望无边无沿，不要让泪水滂沱，让心事漫卷。纵然心事像那船儿的双桨，在心湖里搅起不尽的涟漪，也别疏忽了残冬赏雪，初夏听雨。即使阴霾去了又复返，也别错过了生命的葱茏、青春的绚烂。

人生就像是走路，低头看到的是阴影，抬头看到的是阳光。人生的道路免不了崎岖，但是我们不要轻易放弃，要相信阳光总在风雨后，只要坚持，美好的明天肯定会等待着我们。无论现在的道路有多么的崎岖艰难，但是只要抬起头，看看明媚的阳光，我们就要相信明天将会有多么美好。

每一个明天在我们面前都是一个奋斗的目标，因为每个明天都是新鲜的，充满挑战性。我们可以用自己的忠诚、拼搏、奋斗获得今天的胜利，但是我们无法预料明天会是什么样的结局。在攀登人生顶峰的道路上，明天就像是一个一个的台阶，而只有把一个又一个的台阶踩在自己的脚下，我们才能登上绝顶，才能一览众山小。

生活中，恐惧是勇敢的影子，快乐和悲伤同行，危急中暗藏着良机，阻碍中预示着希望，沉郁中包含着梦想，自卑的隔壁就是自信，只要一息尚存，我们就应该从迷雾中勇敢穿越，从泥淖中迈向阳光，从黑暗中迎接光明，从绝望中创造希望。只有摆脱今天的黯然神伤，振作精神，勇往直前，才能前进，否则就不能看到明天灿烂的阳光。

失败并不可怕，可怕的是在失败的时候失去信心。如果在风雨中我们退却了，那我们的理想就会搁浅在风的无情吹打中。如果我们能够不因为生活中的一点点挫折而停止前进，不因为一时的困苦就一蹶不振，不因为自己的软弱而知难而退，如果我们能够战胜自己的怯懦，如果我们能够为自己的理想坚持下去，我们就一定会收获成功的喜悦。

让我们的脚步永远都踏着希望的节奏前进，只要沿着一条路不停地走下去，我们就能享受到沿途不断变换的旖旎风光。永远都没有走错的路，因为每一路的风光都是唯一的。把旅途中的挑战看作生命中的骄傲和自豪，挑战中，我们踏碎的是崎岖坎坷，得到的是造化赐予的纯美的琼浆玉液。

秋天到了，已经泛黄的树叶开始轻轻地随风飘落，在微风里起舞。用手轻触叶片，它似乎感觉到了我们的怜惜，盈盈一笑，轻轻地说："不要叹息，飘零不是对自己幸福的放弃。我将沉睡在冬天的土壤里，怀着深爱，继续守护着我梦想的天堂，将在来年春天的枝头重新绽放生命。"然后，在凉凉的秋风里，叶子继续欢快地舞了一曲又一曲。

人生可以没有很多东西，却唯独不能没有希望，有希望之处，生命就生生不息。

投入生活，拥抱每天新升的太阳，在暮色苍茫中欣慰地感喟生活的恩典，每一秒都变得很有意义。虚掷时间就是浪费生命，只要去做，我们就有希望实现梦想；只要去走，总会有一天到达彼岸。

轻轻地敲醒沉睡的心灵，慢慢张开我们的眼睛，浓浓的春意已挂在所有的枝头，让春风拂去昨日的忧愁，让昨日脸上的泪痕随记忆风干，让我们的笑容绽放得如同花儿一般灿烂，伸出双手，用我们的热情去拥抱梦想。无论将来还会遇到什么样的艰辛困苦，都要对自己说，明天会更好！曾经的心酸也罢，荣耀也罢，一并忘却，怀揣着梦想，踏上新的旅途。每一份希望都在我们自己手中，只要满怀着对未来的希望，明天就会更好！

你好，过去！

多少个楼台烟云，多少个心酸无奈，都会在这回首一笑中随风而逝。

当那一首熟悉的歌谣再次飘过耳畔，仿佛久远的岁月踏歌而来，荡着双桨，推开记忆的小船，走过海面倒映的美丽白塔，走过四周环绕的绿树红墙……

生命就像是陀螺不停地旋转，我们终会从现在的风华正茂走到两鬓如霜的耄耋之年。当我们在岁月的旅途中已经走了很远很远的时候，回想起曾经的岁月和难忘的瞬间，不管是喜怒哀乐还是困苦磨难都会淡然地回首一笑。多少个楼台烟云，多少个心酸无奈，都会在这回首一笑中随风而逝。每一次生命的轮回，都是一个花开花落的过程，花开的时候尽情绽放，花谢的时候还会有一地的落英缤纷。

对于岁月，我们只有虔诚地感激：感谢红尘的纷繁喧嚣，让我们明白真正的宁静在心灵的深处；感谢俗世的曲折坎坷，让我们拥有了昂扬向上的精神；感谢曾经的聚散离合，让我们懂得珍惜生命里每一次花开花谢月圆月缺；感谢曾经的悲喜愁苦，让我们把生活咀嚼出酸甜苦辣、咸淡浓烈的种种滋味；感谢青山绿水，让我们享受了风花雪月。于是在感激中所有的日子都变得轻松，所有的负重都转为甜美，于是所有的过去都成为美好回忆，于是面对今天不再无奈，面对未来充满美丽的憧憬和坚定的信心。

走过人生的悲欢离合

不断地祝福自己，不断地超越心灵的羁绊，你就会发现自己的人生充满了熠熠闪耀着的光彩。

走过人生的悲欢离合，看过人世的如梦浮华，知道所有的辉煌终会归于平淡，所有的繁华终将化为云烟，心便会在一份坦然和宁静中漫步，在一份恬静闲适中感悟人生极致的美。走过人生的风风雨雨，纯净的心田里对人世间只有无尽的祝福，愿天下太平，国家强盛，社会祥和，人民安康；愿每个人在每天里都有花香为伴，有微笑作陪。

祝福我们的亲人，祝福我们的朋友，也祝福那些与我们意见不合的人。即使有些人曾经伤害过我们，也不能改变我们对所有人的祝福，因为如果我们的心里有了恨意，我们的内心世界就会黑暗。化解烦恼冰，人生更从容；祝福他人，完美自己的人生。

祝福他人，更要学会祝福自己。常常祝福自己是一种积极而乐观的良好心态，是一种勇于面对挫折和痛苦的坚强。事情的好与坏取决于我们的认识，端正好我们的心态，我们的人生就会充满阳光、充满鲜花，也会充满祝福。不断地祝福自己，不断地超越心灵的羁绊，你就会发现自己的人生充满了熠熠闪耀着的光彩。把我们嘴角边泛起的那抹最生动而永恒的微笑化作对世界、对人生、对所有人的无尽祝福，让那一声声祝福化为吟唱在我们心底的一首永恒的歌谣。

人生如扁舟，风雨自荡漾

让我们的人生如一叶扁舟，逍遥洒脱地荡漾在碧蓝的海面。

每个人都是江湖里的一条鱼，而江湖里又总是布满了诱饵，与其埋怨诱饵太多，不如反省自己为何会上钩。

放下是福。奴役我们的并非财富和名利，而是人们对这些东西的迷恋；给我们烦恼的也不是生活中的种种不如意，我们每个人对自己对他人对生活都有着各种各样的期待，希望事情总能如自己所愿，然而生活不会像父母溺爱孩子一样总是一切满足我们的愿望，人与人之间的关系也从来不会纯洁到像纯净水那样的地步，不如意的事情总是像街头的小广告一样布满人生的道路。

人生如寄，谁都是赤条条来去的过客，有什么理由荒废光阴，纠缠羁绊于虚荣以及种种的烦恼之中，而不轻松快乐地活着呢？把那些外在的富贵名利权势都看淡些，把人生的得失成败看轻些，把世间的恩怨对错看开些，别让生命带着这么多的负重行走在人生的旅途，何不轻装而行，让我们的人生如一叶扁舟，逍遥洒脱地荡漾在碧蓝的海面。

人生如扁舟，风雨自荡漾。

岁岁枝头杨柳青，不问人间沉浮心

很多东西我们必须懂得放下，才能让以后的生活中依然有阳光，依然有笑声。

人生有许多的无可奈何，有许多的不尽人意，甚至还有许多的艰辛坎坷，它不会因为我们的不肯接受就不存在，一切都是真实的，只是我们不愿相信。月会缺，花会谢，人会老。活着，所谓的一帆风顺、事事如意都不过是我们心中一个美好的愿望罢了。不相信生活里会有艰难，不接受生命里会有阴霾，这都是一种幼稚甚至无知的认识。

面对生活中的种种不如意，不仅需要坚强，而且需要智慧，甚至更多的是智慧。有智慧，才能正视一切困难，他首先明白遇到挫折坎坷就好像天会刮风下雨一样正常，因此不会有任何的埋怨，更不会悲观，不会对生活失去信心。相反的，他会以一种更积极的心态去面对、去超越。对于那些不敢面对艰难的人，那才是真正的艰难。而对于那些正视艰难、挑战艰难的人来说，艰难就是一种财富，艰难是迈向更高人生境界的阶梯。

人生一世，草木一秋，百年时光其实并不长久，珍惜每寸光阴，不要有那么多的想不开。遇到挫折是难免的，受点委屈、挨点批评、担点辛苦，这些都是生活的家常便饭，不要以为这是他人和自己过不去，因此就在心里和别人产生对立。其实，一切都只是上苍给我们上的人生课。不经历这些，我们如何能学会坚强，如何学会包容、做到从容，如何能看透人生？所有或坎坷或曲折的人生旅途都是最独特、最旖旎的风景线。

很多事情，我们用智慧的眼光来看，就能看得更深更远更透。虽然我们的内心还有那么多的难以放下，也许是某件无比喜爱的物品，也许是一份难以割舍的情感，也许是那段苦苦挽留的青春岁月，也许是一块耿耿于怀的伤疤。

但是我们一定要明白并接受世事无常的现实。财富也罢，情感也罢，时光也罢，恩怨也罢，这些东西都不是永恒的，这其中没有任何一样是我们永远都拥有的，可我们却总是为它们而生出种种的烦恼，或是受尽辛苦，并以此而错过许多快乐的时光。很多东西我们必须懂得放下，才能让以后的生活中依然有阳光，依然有笑声。

生活中或许有许多看不惯的人或事，但是扪心自问，不一定都是外界的原因，也许更多是自己心胸过于狭隘，眼光过于短浅，是我们自己不能包容、不能理解，所以不能忍耐。其实，这个世界上，只要是存在的，就是合理的，都有各自发生的因缘。明智一些，我们眼里有那么多的看不惯，其实是自己和自己过不去，因为这只会给他人带来烦恼，给自己带来更多的伤害。

用智慧去生活，生活才会轻松。知道有欢乐，并愉快地享受欢乐；也知道有痛苦，但不去逃避，懂得坦然面对并欣然接受，并且在痛苦中感悟人生的真谛。知道生活的美好，也明白生活的残酷，认识生活并依然热爱生活。那么，一切哀伤都变得轻盈，变得可以承受；一切平凡都变得美好，变得让人感动。

用欢喜去接受春暖花开，也同样地用欢喜去接受风舞叶落。人生里的酸甜苦辣，就像是厨房里做出的菜肴，用一颗淡然从容的心来品尝，就会品得有滋有味，因为这都是人生的滋味，缺了哪样都是遗憾。

回首那些飘远的温暖

学会发现，学会回忆，学会让历史留住，让那飘远的温暖依然。

当我们踏着脚下的石阶，一步一步登上长城的高处，远眺这万里河山，你会想些什么？看看身边的游人，有为这浩大的工程赞叹的，有只顾拍景的，有喘着粗气的，有为登上高巅兴奋的，也有默默远眺不知想些什么的。

今天的长城，告诉我们的是往日秦王朝的强大，也诉说了他的无奈。不论他曾经多么辉煌，都一去不复返了。昔日的英雄，成了今日一撮黄土。历史的车轮滚滚前行，它见证了多少今日对往事的记忆，是悲是喜，是苦是乐，后人总是能从他日的历史看到今天的世界。往事如烟，随着历史的时空早已逝去；往事如歌，有千古流传的佳作，亦有被历史隧道吞逝了的平凡之作；往事如茶，愈浓愈香，苦涩之后便是悠长的清香。

回首往事，历史的功与过，留给我们的都是经历与验证，是对我们的关心，是对我们的警示，是对我们留下的千万年的温暖。曾经的是悲是喜，是苦是乐，是非是怨，是恩是仇，今日的自己已然很难说明。放开心胸，往日这些都变成了今天你我笑谈的话题。温暖依然，只是当时的你我早已看不清自我的心灵，社会上的摸爬滚打让你我的心灵蒙上灰尘，让那春天的温暖远离了自己。

再回首，悠悠往事，那飘远的温暖依然在你我心中。我们洗去了往日的浮尘，回味着往事的繁杂，体悟着其间的答案，享受着带来的滋味，继续着生活的乐趣，发觉着生命的真谛。学会发现，学会回忆，学会让历史留住，让那飘远的温暖依然。

把烦恼相忘于江湖

风流总被雨打风吹去，何苦为名利困扰，为权势束缚，自苦终生。

自古红尘多愁绪，相忘江湖不须归。尘世里的江湖，是一场纷纷扰扰的乱红，飞过春秋过往的旧日时光，抖落心头落满的惆怅。在充满诱惑的世界里，不为外物所役，不被外境所扰，淡泊名利，物我两忘，我们就能真正掌握人生幸福快乐的金钥匙。

生活犹如万花筒，喜怒哀乐，酸甜苦辣，相依相随。有的人因为事务繁杂而烦恼，有的人因为无所事事而烦恼，有的人因为无谓的琐事而烦恼。烦恼就像荆棘丛生的沼泽地，横贯在人们的脚前，许多人受其羁绊，而陷入这痛苦的泥潭中。

事实上，烦恼来自于生活的每一个点，人们的每一步路，每一句话，每一件事都可能引发无边无际的烦恼。现在社会充满着竞争，有太多的忧愁，太多的烦恼，也有太多的不如意，自己想要的东西得不到，想去的地方去不了。

很多人似乎觉得烦恼无处不在，无时不有。其实在生命里使你富有的绝不是有形的财富。当你拥有爱人助人的兴致以及百折不回的情怀时，你就是战无不胜的。仁心爱意充满心怀，生命之树就会发芽，生活的美丽就会展开优美的画卷。人生里阳光的东西增多，阴暗的东西自然逃逸。所以说，能笑的时候就笑，能哭的时候就哭，不要使有限的生命中掺入无聊和无奈的杂质。

尘世间所有的是非恩怨，爱恨情仇，转瞬即逝。无所谓拥有，无所谓失去。那些痛苦的记忆，那些烦恼的愁绪，皆会化为秋天零落的枯叶。我们能把握的只有自己，只有今朝。与其一味沉浸在烦恼痛苦中，不如抛弃心头的负重，还自己一个明朗的心境，轻轻松松地行走。找到自己在社会和时空里的最佳存在位置，从此不徘徊、不犹豫、不奢求、不嫉妒，也就不再自卑、不再自负、不再自傲、不再自满，这样的生命如同白杨挺立路旁，搏击风雨，自在人生，无憾生活。

人的一生不可能都是顺境，有成功也有失败，有高潮也有低潮，面对困境不气馁，及时调整，适度放弃，重新选择，尽快从不幸和失意中奋起，信心百倍地投入到新生活中，从而感受到生命的丰富。

不舍弃鲜花的绚丽，就得不到果实的香甜；不舍弃黑夜的温馨，就得不到朝日的明艳。风流总被雨打风吹去，何苦为名利困扰，为权势束缚，自苦终生。把烦恼相忘于江湖，用全新的眼光审视世间的名利、纷争、恩怨、情仇。与其让这些身外之物、无聊之事困扰自己，不如把握人生的真谛，实实在在做自己所想，风雨无悔，笑傲江湖。

不要让心灵在寂寞中枯萎

让每一次的不愉快遗忘在日落之前，让每一天的快乐开始于晨曦之中，匆匆过客，不要让心灵在寂寞中枯萎。

红尘扰扰，岁月匆匆，百年光阴，一瞬即逝。太阳和月亮是金梭和银梭，日复一日地编织着生命的经纬；白天和黑夜是金针和银线，年复一年地缝补着人生的苦乐。我们每个经纬纵横的生命就在这浩渺的天地之间随着岁月流转，这些苦乐悲欢的人生就在四季的花开花落里轮番上演。

别让烦恼支配了自己的生活，要时刻记住生活的主流是开心。不要为某件事或某个人而错过花开的季节。每天都有明媚的阳光，每天都有花儿开放，世界一直都很美丽，感觉不到美丽是心情不够明朗。很多东西放不下只是徒增许多的烦恼，无论心里有多么不舍，只要它给自己带来了痛苦，抱着不放只是让自己平添生活的不愉快，其实放下那些看似难以舍弃的东西，就会发现自己的天地更宽广。

给自己找一个新的出路，就好像瀑布正是在没有退路的情境下鼓起勇气闯出了一条全新的道路，悬崖绝境下义无反顾地一跳，在层层叠叠的岩页上撞击出万千水珠，水珠在阳光照耀下闪闪发光，这是它的生命在闪光，其坎坷的生命因这勇敢地一跳而获得了气韵万千的恢宏壮美，由此可见，在放下的同时我们可能会得到生活给我们的意外的馈赠。

放下需要勇气，放不下的确是一种懦弱；放下需要智慧，放不下的确是一种不明智。生活里有很多东西我们很喜欢，它们也的确很美好，可是它们也许就是不太适合自己。因为虽然不合适，但是我们却要去强求，结果只是给自己带来了许多的烦恼。也许你是放不下一些丰厚的物质，或者是一个显赫的权位，或者是一种耀眼的名声，或者是一段眷恋的情感……但是用理智来深入地思考，这些东西哪一样不是即使得到，最后还是会离我们而去的？更何况有可能追逐一生最终还是双手空空，却在追逐的过程里受尽千辛万苦。如果真正能给自己带来快乐，那么追逐或许是值得的，如果得到的同时还是带来了痛苦，那何不学会放下，去寻找生命里真正的快乐？

放下需要一个大的胸怀。一个胸怀世界的人，不会总在一些小事上斤斤计较，不会在生活的琐碎里沉沦；一个胸怀世界的人，关心的是人间的疾苦，而不是只为个人的得失耿耿于怀；一个胸怀世界的人，说的话、做的事，出发点极少是为个人考虑，这样的人总是能站在他人的角度来考虑问题，总是能理解他人、尊重他人。

爱也罢，恨也罢，恩也罢，怨也罢，得也罢，失也罢，聚也罢，散也罢，对也罢，错也罢，人世间没有原谅不了的人或事。也没有忘记不了的人或事，人生无非就是在得得失失中沉沉浮浮，在恩恩怨怨中纠纠缠缠，在对对错错中颠颠倒倒，在悲悲喜喜中来来回回。到最后能剩下些什么呢？——留下了许多的遗憾，错过了许多的风景，丢失了许多的快乐，积累了许多的伤痕，沉积了许多的恩怨。

乾坤荡荡，繁华历历。不要在迷离的红尘中迷失了生命的方向，不要在琐碎的生活里沉沦了最初的梦想，不要在莫测的世事中遗忘了心灵的善良。看看大自然的美丽，我们就应该明白世界依然美丽，生活也依然美丽。不要在悲伤中放弃了希望，不要在烦恼中难以自拔，不要在愁苦中丢失了快乐。我们自己的生活自己做主，让每一次的不愉快遗忘在日落之前，让每一天的快乐开始于晨曦之中，匆匆过客，不要让心灵在寂寞中枯萎。

看一路花开

让心中充满希望，充满对人生的信心，相信即使山重水复也会柳暗花明，即使千里冰封也会春暖花开。

千人千般苦，苦苦不相同。我们每个人每一天都背负着各种各样的包袱在艰难前行。它也许是我们的学习，也许是我们的工作，也许是我们必须承担的责任和义务。但是，也正是这些责任和义务，构成了我们在这个世界上存在的理由和价值。所以，请不要埋怨学习的繁重，工作的劳苦。因为真正的快乐，是挑战后的结果，没有经历深刻的痛苦，我们也就体会不到酣畅淋漓的快乐！

有些黑暗，只能自己穿越；有些痛苦，只能自己体验；有些孤独，也只能自己品尝。但是，穿过黑暗，我们一定能感受到阳光的温度；走出痛苦，我们一定能企及成长的高度；告别孤独，我们也一定能收获灵魂的深度！

我们不能决定生命的长度，但可以扩展它的宽度；我们不能改变天生的容貌，但可以时时展现笑颜；我们不能希望改变他人，但可以好好掌握自己；我们不能全然预知明天，但可以充分利用今天；我们不能要求事事顺利，但可以做到事事尽心。

学会放下。善于放弃也是一种智慧，人生是艰难的航行，绝不会一帆风顺。放得下，才能走得远，有所放弃，才能有所追求。什么也不愿放弃的人，反而会失去最珍贵的东西。放下沉重的负荷，就能解开心灵的枷锁；放下满腹的牢骚，就能蕴蓄不倦的威力；放弃纤巧的思辨，就能拥有深邃的思想。

风流总被雨打风吹去，何必让身外之物、无聊之事困扰终生？当你紧握双手，里面什么也没有；当你打开双手，世界就在你的手中。学会放下，就能以一种拾阶而上的从容、闲庭信步的淡然，收获充实、饱满、有意义、有价值、有深度的生命。

放下失落带来的惆怅，放下坎坷带来的失望，放下艰辛带来的痛楚，放下对金钱的渴求，放下对权势的执着，放下对虚荣的纠缠。用智慧放下那些次要的、枝节的、不切实际的东西，我们的世界才能风和日丽、晴空万里、空旷辽阔，我们就会豁然开朗地领悟“小舍小得，大舍大得，不舍不得”的真谛。

用美好的心灵去看待世界，时刻保持一种乐观的精神去面对人生，多一份自信，少一份自卑与失望；用美好的心灵去看世界，用积极的心态面对生活，多一份感激，少一份抱怨；用美好的心灵去看世界，用顽强的意志面对困难和挫折，多一份勇气，少一份怯弱；用美好的心灵去看世界，寻找别人最好的东西，多一份肯定，少一份挑剔。推开心灵之门，门外风景无限好，多为自己开启一扇门，就可以看到人生更多美丽的风景。当生命里充满了阳光时，生命就会灿烂辉煌。

让我们奏响生活的主旋律，抹去生活的尘埃，酝酿生活的甘甜与芬芳。让心中充满希望，充满对人生的信心，相信即使山重水复也会柳暗花明，即使千里冰封也会春暖花开。打开心灵的门，呈现在我们眼前的会是一个纷繁美丽的世界。

放下一切，与春天相约，让我们的内心世界里永远如春天般明媚，不再有夏日的酷暑，不再有秋季的萧瑟，也不再有冬天的严寒；与春天相约，满怀着对生命的希望，让那明媚的春光照亮我们前进的旅程，让那甘甜的雨露滋润我们的生活，让那绚丽的云霞编织我们的梦想，让那和煦的春风托起我们的希望，让我们在这如水的岁月里，看幸福的笑容洒落成一路的花开。

问候一下过去的岁月

生命是一段匆匆而过的旅程，只有把握好每一天，才能拥有一个实实在在的美好人生。这世界因爱而永恒，就让时间把它酿成美酒，留给人间一片香醇吧！

人生，就像是大海里的船舶，只要不停止航行，就会遇到挫折，遭遇风险。千百年来人生的经验告诉我们，无论我们选择了什么样的工作，什么样的人生道路，都免不了受到冷遇、困境、灾难。然而，失败了、跌倒了，重新再来，勇敢地面对困难、乐观地迎接挫折、清醒地看待人生，就会获得幸福而快乐的生活。

每逢年终岁尾，不妨回头看看自己曾经走过的路。一转身，多少的足印，远远近近，深深浅浅，每个足印里都有自己曾经挥洒过的汗水和泪水，每个足印里都有往事里难忘的记忆，每个足印里都装满了人生的酸甜苦辣。回首过去，是一份对生活的品味，是一种对人生的咀嚼。当重温往事时，我们会恍然发现，生活中的那些喜欢与不喜欢的人都是我们在尘世间相映成趣的伴侣，所有顺利如意或艰辛坎坷的岁月都是个人历史里精彩的篇章。

也许经历磨难，但是磨难让我们懂得了珍惜——珍惜心底的快乐，珍惜宝贵的生命，珍惜眼下的幸福；磨难也让我们懂得了感恩——感恩平平安安的生活，感恩健健康康的身体，感恩自己活在了这么美好的当下。虽然人看上去似乎总是生活在不如意中，但是回忆过去，哪怕再苦涩的回忆，也总能品出甘甜。幸福与快乐也不只是在昨天与明天，而是原本时时存在的，只是缺少一份发现它的心情而已。

如果因为遭遇了磨难就怨天尤人，如果因为遭遇了挫折就自暴自弃，如果因为面临逆境就放弃了追求，如果因为受到了伤害就一蹶不振，那么我们将永远生活在灰暗的天空下。命运的盾牌是双面的，一面是失意、困惑，而翻开另一面，我们就会找到希望、快乐。不管是昨天、今天，还是明天，一切都掌握在自己的手中。曾经我们都是那山脚下天真无邪、懵懵懂懂、不经世事的孩子，却终于在历经磨难后，渐渐长大，成为高高山顶上坚强、勇敢、沉着、不凡的男子汉。

生命是一段匆匆而过的旅程，只有把握好每一天，才能拥有一个实实在在的美好人生。既然世事总是不尽人意，那我们就要设法使自己适应现状，而不是奢望一切符合自己的心意。

人的一生像是一次长途跋涉的旅程，不停地行走，沿途会看到各种各样的风景，历经许许多多的坎坷，如果把走过看过的都牢记心上，就会给自己增加很多额外的负担，阅历越丰富，压力就越大，因此，还不如一路走来一路忘记，永远保持轻装上阵。过去的已经过去了，时光不可能倒流，除了吸取经验教训之外，大可不必为成败得失耿耿于怀。

乐于忘怀是一种心理平衡，它需要坦然真诚地面对生活。有些人能够忘记失意时的尴尬和窘迫，却对顺境时的得意津津乐道，却不知成功和失败一样会留在过去，老是沉湎过去不能释怀，让过眼烟云在心头永留，沾沾自喜，自鸣得意，便会不思进取，裹足不前。英雄不提当年勇就是把曾经的成功和辉煌也一并忘怀，不断地开始，才会不断有新的进步。

反复咀嚼过去的痛苦，永远一脸的忧愁苦恼也是不足取的。“如果你为失去太阳而哭泣，你也将失去星星。”为鸡毛蒜皮斤斤计较，为陈芝麻烂谷子念念不忘，只怕心灵之船不堪重负，记忆之舟承载不下，会让痛苦的过去牵制住未来。生气是拿别人的错误来惩罚自己，老是念念不忘别人的坏处，实际上深受其害的是自己，既往不咎的人，才是快乐轻松的人。

怀揣一颗感激的心去珍藏感动和感恩。岁月渐长，记忆中却有那么多的往事清晰得仿佛就发生在眼前。回忆着那一幅幅感人的图片，听着那一个个感人的故事，顿觉个人的喜、怒、哀、乐在顷刻间显得如此的微不足道。这世界因爱而永恒，就让时间把它酿成美酒，留给人间一片香醇吧！

曾经沧海之后，再去看世情，便是云淡风轻、日升日落般的泰然了。有欣喜，有伤痛，有泪水与欢笑，这就是我们的似水流年。似水流年，流年似水，而永不流逝的，是一路上美好而有意义的幸福时光。回首年华，别来无恙！

走出烦恼的围城

不要为自己能力无法改变的事情烦恼，走出了欲望也就走出了烦恼。

人海茫茫，红尘滚滚，心灵在有限的疆域内是多么的狭窄和备受禁锢。熙攘的世界背后是自然、洒脱，和自由的缺席。为物所扰，为己所累，是现代人的一大生存困境。只有放下心中的枷锁，才能将自己解放出来。融入自然，心才会在无限的空间里驰骋。令人期待的放松，从心开始。等有一天，我们做到了剥去层层包裹，让呼吸释放于天地万物，人生的乐趣会扩散到一个无限的世界中去……

人来到世上第一次出声就是啼哭，好像今后永远伴随的是无尽的磨难。仔细想一想确实如此，人们常说快乐的童年，但童年是人一生中流泪最多的；到少年看似无忧无虑，却从此背上了沉重的书包；青年是人生中最美好的时光，却也是最爱生烦恼的年龄——就业，恋爱……有快乐但烦恼也伴随左右；中年开始为岁月的流逝而平添忧愁；到了老年又饱受病痛折磨，且害怕死亡的来临……

人的一生，总免不了磕磕碰碰，有愁绪也有烦恼，坎坷和磨难更是在所难免，那么，每当这个时候，我们该怎样去处理呢？

虽说人生短暂，但就其过程而言，人生又是漫长的，又怎会没有烦恼？面对烦恼，暴跳如雷、大发脾气十分不可取！老年人动肝火，于健康无补，万一有心脏病或高血压更糟；小伙子易冲动，最容易做出难以弥补的错事；中年人动怒则有失风度，且会引起心脑疾病；女士则作践了自己精心选购的化妆品，令自己容颜早衰。所以说，不管谁生烦恼都会给这个社会增添不和谐的声音。

人生是一个五彩缤纷的万花筒，就看我们怎么去看待。烦恼太多，往往是我们的思维太习惯、太传统、太世俗，看不惯眼前的一切。如果变动一下视野，转换一个角度，也许就完全不一样。普通百姓，虽位卑职庸，但无官一身轻，少惊少怕，活得安闲、自在。贫穷虽让人忧愁，但无须防人谋财害命，无须提心吊胆，也有福在其中，不失为一种“不风流处也风流”的洒脱，如果善于从坏中去发现好，从苦中去寻找甜，烦恼便会渐渐转化为快乐。

“烦恼”二字，从结构上看，从心从火，治本之道在于心，所以人们常说“灭却心头火自凉”。只要我们的内心世界一片清凉，就不会有烦恼。人生不如意的事实在太多，不要把一切都设想得太圆满、太美好。欲望尽可能少些、低些、淡些，心胸宽些、广些、随缘些，就会开心快乐地走完自己的一生。

其实，只要是人，都有烦恼的时候。倘若我们是天生感情丰富的人，烦恼更多。回顾走过的路，好像烦恼多于快乐。是上天真的待我们太薄吗？不是的，其实，还有很多人把我们当作羡慕的对象。问题是，我们总不知足，认为以自己的条件，可以过得更好，拥有的财富可以更多。欲望导致我们有更多的烦恼。俗话说：“人比人，气死人。”但是，如果我们总在境遇上比差的，做人上比好的，心中便有了优越感，也有了向上追求的目标，心中的烦恼便烟消云散了。天宽地阔，眼前的一切便变得那么的可爱，也有了心旷神怡之感。此时，快乐已悄悄布满了我们整个心田。其实，世界并不欠我们的，他人也不欠我们的。

有人说人生下来就和烦恼结下了不解之缘，但也不尽然，关键是看我们对人生的态度，若有一个正确的人生观和世界观——爽直、豁达、坦然，烦恼就会远离我们。

然而，现实中仍有些烦恼是很难用理智来解释，怎么也摆脱不了的，这时要怎么办呢？这时的灵丹妙药就是干脆不理它，转移情绪，去做自己喜欢做的事情。

有时有了烦恼，不妨泡杯清茶，坐下来静静心。看杯里的水蒸气携带茶香袅袅上升，轻轻呷一口，暖暖唇，暖暖心，让茶水冲淡烦恼，也让烦恼随茶香飘向远方。还可以去看看书，让自己沉醉在书中人物悲欢离合的命运、智者先师精辟的言谈中，烦恼也就逃之夭夭了。或者，兴致来了，以茶水为伴，涂抹一块文字，也是苦中有乐。

大自然是美好的，生活是甜蜜的。要走出烦恼，可以选择转换生活的环境，让自己在新的环境中放松心情。仰头看天上云卷云舒，聚了散了，散了聚了，飘来飘去，忙忙碌碌，烦恼也和这行云一样，不去理它，它也不过是自来自去；低头思浩空明月，圆了缺了，缺了圆了，诠释着轮回的真谛，人生的聚散别离，此事古难全；到大自然中去，看溪水流淌，听虫鸣鸟叫，观绿树青草相映成趣。万物生灵皆有情，让我们体会生活的浪漫和惬意，此时，我们将体悟到，待人处世当以大度为怀，烦恼不知不觉便消失殆尽。

烦恼天天将自己的情绪左右，殊不知困扰的原因多半是自取的。苦恼就像流不尽的苦汁，而它正源自我们的心底。因此要摆脱烦恼就必须从自己内心深处去根治，学会调整自己的心态，对自己的生活方式和态度做一个适当的调整。

也常常想，做人何必这么累心呢？想开一点不就海阔天空了么？

有这样一个故事，以前有个小和尚，每天清早起床负责打扫寺庙院子里的落叶。这实在是一件苦差事，尤其在秋冬之际，每一次起风时树叶总是扫了又落。这让小和尚头痛不已，但又想不出一个好办法让自己轻松些。后来有个和尚跟他说："你在明天打扫之前先用力摇树，把落叶都摇下来，后天就可以不用扫落叶了。"小和尚觉得这办法不错，于是隔天他起了个大早。使劲地猛摇树，他想这样一来就可以把今天跟明天的落叶一次扫干净了。一整天小和尚都非常开心。但是第二天，小和尚到院子里一看，他不禁傻眼了。院子里如往日一样落叶满地。老和尚走了过来，对小和尚说："傻孩子。无论你今天怎么用力，明天的落叶还是会飘下来。"小和尚终于明白了，世上有很多事是无法提前的，唯有认真地活在当下，才是正确的人生态度。

的确，人活在世上有许多的快乐和愉悦，也有不断的烦恼和无奈。认真地做好每一天的事情吧，无论结果如何，只要努力了，就该好好地睡上一觉。一首歌唱得好："……过分思考，庸人自扰。别庸人自扰，一切轻于鸿毛，才能消灭烦恼。"

"雁度寒潭不留影，风来疏竹不留声"，时常保持空灵的心境，就不会为烦恼所扰。烦恼的人生是痛苦的人生，烦恼会摧残人的身心，我们应勇敢地从烦恼中走出来。不要为自己能力无法改变的事情烦恼，走出了欲望也就走出了烦恼。生活中的烦恼无处不在，走出烦恼的方法有很多，但最重要的是：心胸开阔。

赶走烦恼并不难，只要热爱生命，热爱生活。让我们一起摆脱烦恼，走出烦恼的围城，挣脱烦恼的束缚。走出了烦恼，迎来的就是幸福和笑容。

梦里落花知多少

春天会再来，而人世则不会，青春更是匆匆而去，永不复返。然而，我们可以保留一颗永远年轻的心。

时光流逝，往事如烟。我们每个人的生命从呱呱落地，赤裸裸地降临到人世间，便开始了我们跌宕起伏的人生旅途。

世间万物包罗万象皆是因缘和合的产物，花开花谢，缘聚缘散，这一切的一切只不过是自然规律罢了。随着时光的穿越，在生命中刻下道道痕迹，像是树的年轮，一圈又一圈……

回想逝去的岁月，锦绣年华谁与度？岁月如花，青春易逝，几度凋零，今年凋谢，明年今日，又是她尽情绽放的时节，只是我们那远去的青春，已被岁月的齿轮重重地辗过，如旧时冲洗的黑白照片，不着一抹色彩，回不去了。

青春的印记，默默地去怀念，去回忆，如暗夜里开在峭壁上的鲜花，有着寂寂的无奈。青春的脚印只能漫步在真实的一粥一饭里，而今，却成为风干的一片片树叶，转为过往岁月的一叠标本，终日凝眸。

在青春醉人而甜美的微笑里，心如在芬芳花丛中翩翩起舞的蝶，舒展，烂漫。不曾想，光阴也是一剂无解的毒。慢慢地，在青春的日历里，年华如花缓缓飘落，落泪无声。青春的心空开始飘雪，忧伤而慌忙的脚步，避开渐渐凋零的花瓣。这般洁白的花瓣，是不忍心踩踏在自己的脚下的，就像无人愿亲眼目送自己珍贵的青春岁月远去一样。

青春，这令我们百感交集的年月，纵使心存千万的不舍也枉然。青春遗落的孤单，如苍穹下的夕暮，夜色渐浓。青春远去的叹息，如风中翻转的泛黄的秋叶，最后，注定只能是坠入凡间的一抔尘土，终归沉寂。也许，很多东西一开始就如被上天诅咒了一般，没法改变，而再美的青春一样会被岁月带走，成为记忆里一幅冷艳的抽象的素描。

不经意地掐指，原来我们已在人生的长河中跋涉了相当长的距离。意气风发、踌躇满志、指点江山、激扬文字的岁月是不是已经在岁月的阁楼里蒙了尘埃。吹一口气，飞散的尘土迷了眼，流下的也许是泪。

事过境迁，已无法追忆，唯有卸下人生过多的遗憾，让不尽的思念染绿芳草天涯。

春天是花开的时节，为我们每个人喜爱，然而，春天易逝，惹人惆怅。惜春长怕花开早，何况落红无数。几番风雨，花开花落，匆匆春又归去。一如我们的青春，是不容挥霍的，弹指间，便怅恨春去无觅处了。

春天会再来，而人世则不会，青春更是匆匆而去，永不复返。然而，我们可以保留一颗永远年轻的心。怀一份天真，抱一种赤诚，去祝福亲人，祝福同事，祝福所有的朋友，祝福天下所有的人。把握生活中的时时刻刻，珍惜美好生活，珍惜拥有的每一天，与亲人、朋友共同度过那些难忘的瞬间。

在我们经历了种种磨炼之后，很可能发现，自己竟一直在欺骗自己，失去之后才渴望珍惜，所以不要再去尝试什么了，不要再彷徨了，勇敢地面对现实，接受上苍的任何考验，也感谢上苍所有的赐予，留一份坦然，持一份从容，抬头继续走下去，不经风雨怎么见彩虹，相信自己比相信任何人都要好！

让过去的就过去吧，相信我们的未来是美好的，内心不灭的希望加上勤奋和努力才能成就未来，努力加油吧！不要再伤感，不要再悲伤，恩怨是非、爱恨情仇，一切都是虚幻不实的，都是过眼的烟云，只有努力才是真的，抛掉虚伪，接受现实，发挥自己的特长，弥补自己的缺陷，让自己的人生价值更有意义！

把烦恼赶出家门

其实生活中的烦恼无处不在，走出烦恼的方法有很多，但最重要的是：心胸开阔。

人生世上，总要遇到许多烦恼事。小的时候因为得不到称心的玩具而烦恼，学生时代因为考试成绩不理想而烦恼，学校毕业后因为找不到理想的工作而郁闷……可以说，烦恼伴随我们的一生。但是，人生短暂，烦恼并不是我们应有的生活，如何对待随时都会降临的烦恼呢？

（一）面对烦恼

生活中难免会出现逆境，难免会遇到沟沟坎坎，不顺心的事十之八九。我们总不能一直生活在困惑当中，被一时的烦恼所压倒。生活还要继续，时光还要一分一秒地过，遇到任何困难、艰辛、不平的情况，逃避是解决不了任何问题的。因此，只有用智慧把责任担负起来，用最积极、最有效的办法去正视烦恼，用强大的理智，用实际行动坦然面对它，才能真正从困扰的问题中获得解脱。

有时彻底感受了烦恼之后，反而能解除烦恼。烦恼的滋味虽然是苦的，但也能成为灵魂的营养液。从烦恼中走出来就能变成我们的财富。烦恼后能彻悟许多东西，而深刻的认知就往往来自烦恼，烦恼和痛苦是我们人生的导师。这也就是“烦恼即菩提”的真实内涵。

因此，不管面前是什么样的烦恼，都该乐观地去面对，去克服。笑对烦恼，把烦恼只当成一段美妙曲子中的小插曲，使它不再那么恐怖。

（二）接受烦恼

烦恼虽说是一杯苦酒，可生活中却不会不出现。不要害怕烦恼会让我们经受痛苦，更不要担心烦恼会让我们无法摆脱。烦恼要来，逃避会更加烦恼。把烦恼寄给流逝的时光，往往收到的是天天烦恼；把烦恼转嫁别人，到头来仍然自寻烦恼；把烦恼流放云天沃野，我们最终会感到，人生处处充满烦恼。勇敢地接受烦恼，任烦恼的思绪充斥我们的心海，让苦恼的血液在我们的心中回荡。当我们不再害怕烦恼时，烦恼往往会悄无声息地离我们远去。

人要健康，身体需要锻炼；人想坚强，心灵更需磨炼。让我们在生活中经历烦恼，体味烦恼，感悟烦恼，它会使我们的人生更加精彩，引导我们变得更加成熟。

勇敢承认自己的无知，因为生活还有太多的秘密；自然地流露天真，因为读懂生活的全部含义需要更多的思考；诚实地反省自己的虚伪，因为是它毁掉了真诚，并使友爱之树失去生机……我们应该懂得生活并不全是鲜花铺就的成功之路，人生除了坦途还有暗礁。

是烦恼让我们发现付出很多，同样也能收获不少快乐；是烦恼让我们觉得平平安安并非比坎坎坷坷更加美好；是烦恼让我们最终明白，人生注定要充满烦恼。既然烦恼自有其意义，那不如就高高兴兴地去接受烦恼、经历烦恼。因为经历过后，我们才有可能不重复同样的烦恼！

既然我们的一生都甩不掉烦恼，那就与烦恼和睦相处吧。人的一生就是烦恼的一生。或许，人生正由于有烦恼相伴，我们才会眷恋着这完美与残缺构成的一切吧！

（三）放下烦恼

我们不喜欢提着重物走路，却为何喜欢带着烦恼生活呢？其实，烦恼来自我执和五欲（财、色、名、食、睡），摆脱了五欲的纠缠进而放下我执，当我都不存在了，还有什么能让我烦恼呢？

生活不会因我们的不愉快而改变轨迹，更不会回头重新来过。世间万物繁杂，诱惑良多，这是烦恼的根源。世界上的一切，决不会因为我们的烦恼而有所变化，我们想得再多，也无济于事。“世上本无事，庸人自扰之”，烦恼都是自找的。要想清除烦恼，只有将生活简单化、心情简单化。

做任何事情不要在意结果如何，只要我们付出了自己应有的努力，人生就少了很多的遗憾，就不会后悔。活在无常的智慧中，即使对结局一无所知，仍然能享受生活的每一天，这也许就是放下的智慧，放下就是快乐。

人生须尽欢，但不如意者有千千万。烦恼由心生，烦恼会使我们的心灵负担过重，“为伊消得人憔悴”，怅恨年华易老，空叹人生悲切。有句话说得好：“怀着忧愁上床，就是背负着包袱睡觉。”那滋味确实是不怎么好受的。不如放下烦恼，开心生活。

微笑吧，微笑是心灵绽放的花朵，心里装满阳光，我们的微笑，就会透着阳光的灿烂，散发着阳光的芬芳。放下别人，然后放低自己，就是一种快乐的生活。当我们放下心的负累后，就会觉得这世界其实很美好，就会发现原来快乐就在我们眼前。

（四）赶走烦恼

快乐和烦恼相伴，幸福与痛苦共存。快乐取决于一种平和的心态，拥有一种荣辱不惊、去留无意的心态，就会赶走烦恼，生出许多快乐。快乐是相对的，再快乐的人也会有烦恼，人不是生活在真空中的，矛盾总是层出不穷，旧的烦恼排除了，新的烦恼又会出现，关键是要学会在矛盾中摆脱自己，在烦恼中解放自己。少一点自私，多一些宽广；少一点算计，多一些坦荡；少一点嫉妒，多一些宽容。控制我们的情绪，升华我们的思想，让它升华为一种风度，一种能力，一种修养，一种境界。

人生太长，生命太短。得与失，输与赢，荣与辱，都要看淡一些，别给自己的烦恼找借口，要明白快乐不是上天恩赐的，也不是金钱买来的，快乐是自己创造和争取来的。为了追求快乐，让我们忘掉名利、忘记年龄、放弃虚荣，多和快乐的人在一起，多给烦恼的人一些微笑，让大家都变得快乐起来。

人生的烦恼是自找的，不是烦恼离不开我们，而是我们撇不下它。我们要学会全面、多角度地看问题。兴趣狭窄，追求单一，目光就放不远、放不宽，往往会一叶障目，夸大不顺利的一面而时时为烦恼所困。假如能扩大视野，辩证地看问题，自然不会轻易地全盘否定，也就不会太为一时的得失而破坏情绪，愁眉不展了。

其实生活中的烦恼无处不在，走出烦恼的方法有很多，但最重要的是：心胸开阔。让我们用看淡一切、包容一切的生活态度去摆脱烦恼，走出烦恼的阴影，挣脱烦恼的束缚，学会把烦恼赶出自己的家门。